W0258006

Carl Schneider

Kleincomputer oder Rechenzentrum?

Beitrag zur Problematik
und für die Entscheidungsfrage

Betriebswirtschaftlicher Verlag Dr. Th. Gabler, Wiesbaden

ISBN 978-3-322-97953-7   ISBN 978-3-322-98528-6 (eBook)

DOI 10.1007/978-3-322-98528-6

Verlags-Nr. 3177

Copyright by Betriebswirtschaftlicher Verlag Dr. Th. Gabler GmbH,

Wiesbaden 1968

Softcover reprint of the hardcover 1st edition 1968

Vorwort

Die Elektronik — der Computer — die Datenverarbeitung: das sind die wesentlichen Komponenten für die Durchsetzung der kommerziellen und administrativen Probleme der Gegenwart.

Die Datenverarbeitung, insbesondere die elektronische Datenverarbeitung, gehört bereits seit Jahren zu den expansivsten und dynamischsten Zweigen der Wirtschaft. Was noch vor einem Jahrzehnt das Vorrecht einiger weniger Großunternehmen war, nämlich zahlreiche produktions- und verwaltungstechnische Aufgaben den Datenverarbeitungsanlagen zu überlassen, das ist heute zum notwendigen und unentbehrlichen Werkzeug auch für Mittel- und Kleinbetriebe geworden.

Aufgabe dieser Arbeit soll es sein, die Fragen der Datenverarbeitung und den Einsatz der Computertechnik den kleinen und mittleren Unternehmen nahezubringen und aus ihrer Sicht zusammenfassend zu betrachten. Einmal sollen die Ausführungen die Überzeugung erhärten und stärken, daß die komplexen und komplizierten Arbeits-, Berufs- und Sozialverhältnisse in der geforderten, notwendigen Schnelligkeit, Zuverlässigkeit und Flexibilität nur durch den Computer gelöst werden können, und zum andern sind sie bestimmt, die notwendigen Hinweise, Anregungen, Überlegungen und Ergebnisse herauszustellen, die zur Initiative führen, den Computer in irgendeiner Form für den Betrieb nützlich werden zu lassen.

Diese Schrift ist als eine Orientierungshilfe für eine breite, tief gestaffelte Schicht von Interessenten gedacht. Kann sie in diesem oder jenem Fall keine mögliche oder echte Lösung anbieten, so soll sie für die erforderliche Information in dieser betriebs- und unternehmenswichtigen Existenzfrage sorgen. Sie wird Impulse auslösen, Aktivitäten schaffen, Prioritäten klären und zu Folgerungen im Denken und Handeln führen, die für die Situation und Entwicklung des Unternehmens günstig und rentabel sind.

Für Anregungen, Erweiterungshinweise, Änderungsvorschläge und die Mitteilung von Spezialerfahrungen ist der Verfasser dankbar.

Carl Schneider

Dipl.-Kfm., Dipl.-Hdl.,
Unternehmensberater

Inhaltsverzeichnis

0 Die Problemstellung

00 Informationen

000 Bedarfszunahme

Kennzeichnend für die Wirtschaft von heute und erst recht für die von morgen ist die ständige *Zunahme jeglichen Informationsbedarfes,* und zwar in allen Bereichen. Das gilt nicht nur für die industriellen Unternehmen, sondern auch für alle Verwaltungen, für den Handel, für Dienstleistungsbetriebe wie Banken, Versicherungen, das Verkehrsgewerbe usw. „Die Information ist das Kainszeichen unserer Epoche. Information ist im heutigen Weltbild allgegenwärtig, und die Informationsdichte ist auch so gewaltig angewachsen, daß sie in den meisten Fällen die Kapazität der potentiellen Interessenten übersteigt."[1]

Wer heute nicht ausreichend und in allen erforderlichen Grundlagen umfassend informiert ist, verliert den notwendigen Überblick über die Wirtschaft und sein Unternehmen sowie den Anschluß an die Beschaffungs- und an die Absatzmärkte; er ist nicht mehr in der Lage, *jederzeit schnell* die *richtigen* Entscheidungen zu treffen und die zweckmäßigen Planungen vorzunehmen. Seine Orientierungslosigkeit bringt sein Unternehmen in Gefahr. Aus dieser Sicht ist das Problem der ausreichenden Information, deren Beschaffung und Auswertung auch für die Klein- und Mittelbetriebe gegeben. Ihm kommt mehr Bedeutung zu, als es die Frage der Betriebsgröße vorstellt; denn die rationelle Ordnung von Organisationsfunktionen und Betriebsabläufen ist unternehmensentscheidend hinsichtlich des Einsatzes von Raum, Zeit, Mensch und Maschinen. Nur wer fortschreitend rationalisiert, wird überleben.

---

[1] W. Linder: Der Schritt ins Computerzeitalter. Buchverlag Neue Zürcher Zeitung, Zürich 1968.

Das betriebliche Berichtswesen in seinen Formen: Erfassen, Be- und
Verarbeiten und Auswerten aller inner- und außerbetrieblichen
Daten muß daher zuverlässig und aktuell sowie klar und tief geglie-
dert sein. Die *dispositive Arbeit* steigt stetig und erhält immer größeres Gewicht. So sind in den USA in den Dienstleistungsbetrieben,
im sog. tertiären Sektor, heute schon 65 % aller Beschäftigten tätig.
In den europäischen Ländern werden wir bald nicht mehr weit von
dieser Prozentzahl entfernt sein, die ein Ausdruck des gestiegenen
Mechanisierungs-, Technisierungs- und Automatisierungsgrades ist.

Den Wandel in der Beschäftigungsstruktur zeigen folgende Zahlen:

	1800	1950	1970 (gesch.)
Primärsektor (Landwirtschaft)	81 %	34 %	12 %
Sekundärsektor (Industrie, Handwerk)	9 %	31 %	23 %
Tertiärsektor (Dienstleistung)	10 %	35 %	65 %

Wichtigstes Instrumentarium für die Bewältigung der Informations-
zunahme, für Organisation, Disposition, Analyse, Synthese und Ko-
ordination der Massenvorgänge in den verschiedenen Bereichen ist
die angewandte Elektronik, ist der Computer mit seiner Fähigkeit,
außerordentlich große Mengen von Informationen im Sinne einer
subtileren Differenzierung von Daten nach einem Plan zu behan-
deln, nach den im „Programm" niedergelegten Richtlinien zu bearbeiten und nach den Prinzipien des Rechnungswesens, des Verkaufs,
der Kostengestaltung usw. zu verarbeiten.

001 Begriff und Umfang

„*Informationen*[2]), das vielleicht menschlichste aller Probleme, an
das die Naturwissenschaft bis jetzt herangegangen ist", sind ein
kybernetischer[3]) Grundbegriff. Sie bezeichnen Angaben, Mitteilun-
gen, Nachrichten, Unterlagen, die den denkenden Empfänger zur

---

[2]) K. Steinbuch: Die informierte Gesellschaft. Deutsche Verlagsanstalt, Stuttgart, 1966.
[3]) H. Anschütz: Kybernetik, Vogel-Verlag Würzburg, 1966. S. 12 „Kybernetik ist die
Theorie aller denkmöglichen informationsverarbeitenden Systeme (IVS)."

Auswahl und Entscheidung, zu einem bestimmten Verhalten, insbesondere Denkverhalten, veranlassen. Sie können nur quantitativ erfaßt werden, haben also qualitativ keine Aussage. Mit ihnen können wir arbeiten, Zusammenhänge erkennen und Ergebnisse differenziertester Art erzielen. Informationen können wir durch verschiedenartige Mittel wie Sprache, Schrift, Telephon, Telegraph, Signalgerät usw. erfassen und ausdrücken. Ihre Wiedergabe erfolgt durch Symbole wie Wörter, Zeichen, Ziffern usw. Der Austausch dieser sog. Daten ist nicht nur zwischen Lebewesen, sondern auch zwischen Maschinen möglich.

In der modernen Wirtschaft ist jedes Unternehmen in eine unübersehbare Fülle von Informationen und Daten „eingebettet", die sowohl Voraussetzung als auch Ergebnis des Betriebs- und Unternehmungsablaufes bilden. Die Unternehmensleitung muß diese Daten „im Griff haben", um in der Gesamtwirtschaft zu bestehen. Ihre Entscheidungen sind i. a. nur so viel wert wie die Informationen, auf denen sie beruhen.

Von der Beschaffung bis in den Vertrieb hinein ist ein *methodisches, zusammenfassendes Denken* notwendig, das um so schwieriger wird, je schneller sich die Verhältnisse in den einzelnen Bereichen ändern. Sämtliche Teilfunktionen eines Unternehmens, die Arbeitsabläufe in Betrieb und Verwaltung müssen durch geeignete technische und organisatorische Mittel und Maßnahmen synchronisiert, kanalisiert, koordiniert und im Zuge der Gesamtschau „integriert" werden. Inner-, zwischen- und überbetriebliche Gesamtvorgänge, wie sie für die modernen Fabrikationsmethoden mit Fließband, Transferstraße und automatischer Fertigungssteuerung selbstverständlich sind, müssen auch in Verwaltung und Büro den Arbeitsablauf bestimmen, und zwar nach Methode und Disziplin. Jede Organisation, die soziale so gut wie die technische, administrative oder biologische, ist als ein „Informationsnetz" (nach W. Linder) aufzufassen. Sie hat die Aufgabe, sämtliche Informationen im Blick auf die Zielsetzungen als Entscheidungsgrundlagen optimal auszuwerten.

Im Gegensatz zu früher haben wir also heute im zunehmenden Bedarf gleichzeitig auch einen *Überfluß an Informationen,* dem aber eine begrenzte Aufnahme und Verarbeitung durch das menschliche Gehirn entgegensteht. Das Zuwenig an Informationen in früheren Zeiten führte zum Entscheiden statt zum Regeln und Steuern. Es gab weder eine grundsätzliche und gründliche Auswahl der Informationen noch Zielsetzungen und stichhaltige Bewertungsfunktionen. Die Informationen verlangen aber Auswertung, Einsatz und Ziel. Darum brauchen wir heute bei den komplexen und komplizierten Arbeits-, Berufs- und Sozialverhältnissen im besonderen die Kenntnis der Regelungs- und Steuerungsmethoden, die Bereitwilligkeit zu „Schaltungsänderungen" und die Einstellung auf die „Flexibilität".

002 Bearbeitung und Maßstäbe

Die *Bearbeitung der Informationen* bildet nun nicht nur im Zeit- und Materialbereich der Fertigung das Rohmaterial wie auch das Erzeugnis, sondern auch vor allem in der Verwaltung. Erfassen, Verdichten, Verarbeiten, Verteilen und Speichern nehmen ebenso an Umfang und Gewicht zu wie Planen, Organisieren, Kontrollieren, Analysieren. Durch genaue, umfassende und rechtzeitige Informationen werden nicht nur die Kosten von Betrieb und Verwaltung gesenkt, sondern das gesamte Niveau der Unternehmensarbeit wird gehoben. Der besondere Wert einer Information ist dadurch bedingt, daß sie in Form der *richtigen* Daten in geeigneter Aufbereitung und Darstellung zur *rechten* Zeit den *richtigen* Empfänger — auch ohne dessen Zutun — erreicht. Nur so kann der Wahrscheinlichkeitsgrad für die Richtigkeit der zu treffenden unternehmerischen Entscheidung erhöht werden. Wir werden wie in den USA auf einen „Informationsdirektor" zusteuern. Der härter werdende Wettbewerb auf *weltweiter* Ebene verlangt, daß sämtliche wichtigen externen und internen Daten *ständig zugriffsbereit sind.*

Hinsichtlich der Einstufung des zahlreichen Informationsmaterials nach Wichtigkeit und Dringlichkeit ist grundsätzlich festzustellen, daß es nicht generell anwendbare *Maßstäbe* geben kann. Je nach Geschäftslage der Unternehmen wird bei Absatzschwierigkeiten das absatzwirtschaftliche Informationsbedürfnis gegenüber dem produktions- oder kostenwirtschaftlichen im Vordergrund stehen. Bei beengter Finanzlage werden z. B. Finanzierungsinformationen den Vorrang haben. Ohne Zweifel müssen nach diesen Beurteilungskriterien heute Fragen der Personalpolitik weit mehr nach vorn rücken, als dies vor Jahren noch der Fall war.

Bei diesem Fragenkomplex ist es auch wesentlich, eine Trennung zwischen erforderlichen und überflüssigen Informationen vorzunehmen. Nutzlose Informationsverarbeitung bedeutet einen ganz gewaltigen Verlust für das Unternehmen. Informationen dürfen nicht nur aus Gewohnheit verarbeitet werden, weil man es früher so machte. Ein solches Verfahren ist vielleicht die größte Fehlerquelle bei der Informations- und Datenverarbeitung. Das Entscheidende ist der *richtige Einsatz und die betriebsnotwendige Verwertung* aller anfallenden Informationen.

01 Computereinsatz

010 Zweck

Der Unternehmensleitung steht heute ein Instrumentarium zur Verfügung, das den quantitativ und qualitativ wachsenden Anforderungen durchaus genügen kann. Mit größtem Recht können wir im *Computer* das wesentlichste und geeignetste Mittel zur Lösung der anstehenden Aufgaben erkennen.

a) Er ist einmal ein maschinelles *Informationszentrum,* in dessen technischen Fähigkeiten und Möglichkeiten und in dessen „geistiger" Anwendbarkeit die Lösung des Informationsproblems liegt.

b) Zum andern dient er als *Rationalisierungsinstrument* für die Mechanisierung und Automatisierung administrativer Massenarbeiten. Nur durch seinen Einsatz ist eine schnellere, präzisere und wirtschaftlichere Bearbeitung und Rentabilität zu erzielen. Der *Einsatz von Computern* ist heute keineswegs nur eine Angelegenheit von „Avantgardisten" oder nur eine Möglichkeit der Diskussion zwischen Organisatoren und Datenverarbeitungsfachleuten, die in diese neue Materie hineingewachsen sind. Die Unternehmensleitungen sind durchweg — ja sogar vornehmlich — angesprochen, sich persönlich mit dem Computer, seinen Funktionen und seinen Anwendungsmöglichkeiten zu beschäftigen. Sie bringen in zunehmendem Maße die Aufgeschlossenheit und Bereitwilligkeit dazu auf und werden von den Herstellern elektromechanischer und elektronischer Datenverarbeitungsmaschinen auf breiter Basis zur praktischen Realisierung angeregt, beraten und informiert. Zudem wird auch in den Hochschulen die Automation nicht mehr als ein nur soziologisches oder sozialpolitisches Thema abgehandelt, sondern immer häufiger und verstärkt werden ihre technischen Erscheinungsformen und ihre ökonomischen Auswirkungen erforscht und bearbeitet.

c) Weiterhin ist der Einsatz eines Computers keineswegs ein Statussymbol, sondern einzig und allein ein *Wirtschaftsfaktor,* dessen unabwendbare Notwendigkeit für das Unternehmen nur eine Frage der Zeit ist, in seiner Form zwar auch eine Frage der Finanzierung. Die wachsenden Kenntnisse und die zunehmenden Erfahrungen erhöhen die Bereitschaft, Computer zur Lösung der in einem Wirtschaftsbetrieb oder in einer Behörde anfallenden Arbeiten einzusetzen. Damit stehen die dispositiven Stellen eines Unternehmens, einer Verwaltung, einer Institution vor einer wesentlichen und weitreichenden Entscheidung.

d) Schließlich ist der Computer das alleinige Instrument der *höchsten Aussagefähigkeit* und einer *universellen Kontrollfunktion.*

Unter diesen verschiedenen Gesichtspunkten muß seine Problematik gesehen werden.

011 Arten

Die Anwendung des konventionellen Systems des *Lochkartenverfahrens* (LKV) wie der *elektronischen Datenverarbeitung* (EDV) ist kein Reservat der großen Verwaltungseinheiten der öffentlichen

Hand, der gewerblichen Großbetriebe, der Banken und Versicherungen, sondern sie ist ein vordringliches Problem für die Mittel- und Kleinbetriebe. Bei ihnen wird eine Reihe von Arbeiten in vielen Fällen erst durch den Einsatz eines Computers möglich. Man kann mit Recht sagen, daß der Computer vielen Mittel- und Kleinbetrieben größere Vorteile bringt als Großbetrieben, sofern sie die ihnen hier gebotene Möglichkeit richtig ausnutzen. Da das LKV (nicht die Lochkarte) im Abklingen ist, werden sie sich auch aus existentiellen Gründen besonders der EDV zu bedienen haben. Dabei ist es falsch und nicht vertretbar, den Einsatz und die Auswertung primär an den Kosten zu messen, sondern vorrangig und notwendig sind die veränderten Leistungen und die gestiegenen Aufgaben.

Der Einsatz von EDV-Anlagen (EDVA) im kommerziellen Bereich führt dazu, daß alle routinemäßigen Arbeiten wie Sortieren, Rechnen, Verarbeiten und Ausschreiben von Listen und Statistiken maschinell vorgenommen werden. Dabei wird nicht nur die Genauigkeit des angelieferten Zahlenmaterials erhöht, da die Fähigkeit der Maschinen, nach Programm zu rechnen, zu sortieren und abzulisten, größer ist als die der menschlichen Arbeitskraft, sondern auch die Aussagefähigkeit und Ausführlichkeit der Informationen ist größer und differenzierter. Auswertungen im kaufmännischen Rechnungswesen wurden vielfach gar nicht durchgeführt, weil die Kosten der Bearbeitung zu hoch waren und auch die unabdingbare Notwendigkeit noch nicht gegeben war. Die neuen Methoden der DV, durch den Einsatz der EDVA gegeben, können nunmehr Informationen zu angemessenen Kosten verfügbar machen, deren Beschaffung sich bei Einsatz herkömmlicher Verfahren von selbst verbietet. Eine größere Speicherkapazität z. B. ermöglicht eine gleichzeitige Verarbeitung von Daten verschiedener Arbeitsgebiete, wie Aufgliederung der verschiedenen Lohnkosten nach Kostenarten, Kostenstellen und Kostenträgern. Bei dieser Parallel-Verarbeitung können auch solche Informationen für eine Auswertung bereitgestellt werden, die bis dahin auf Grund zu hoher Kosten als unwirtschaftlich unterblieben.

Gegenüber der manuellen Arbeitsweise, bei der die einzelnen Funktionen: Sortieren, Rechnen, Schreiben jeweils nacheinander ausgeführt werden müssen, und auch gegenüber den herkömmlichen Lochkartenmaschinen (LKM) bringt die EDV eine Vereinfachung mit sich, indem verschiedene Arbeitsgänge zusammengefaßt werden können. Waren beispielsweise bei den konventionellen LKM für das Verteilen nach Ordnungsbegriffen, für das Rechnen und das Ausschreiben der Listen und Statistiken drei verschiedene, getrennte Vorgänge: Sortieren, Rechnen, Tabellieren notwendig, so sind bei den EDVA diese Funktionen vereinigt, vorausgesetzt, daß die Speicherkapazität ausreichend ist. In diesem Fall findet auch kein Sortiergang vor der Dateneingabe in den Rechner statt, sondern nach einem Verfahren, das man als „random access" (= direkter wahlfreier Zugriff zu den Daten) bezeichnet, kann eine ungeordnete, wahlfreie bzw. zufällige Eingabe von Daten in elektronische Speicher und die Möglichkeit des beliebigen Zugriffs zu den gespeicherten Daten stattfinden.

Die Computer haben also die Fähigkeit, geradezu alle Sachgebiete zu jeder Zeit auf den neuesten Stand zu halten, die Aussagefähigkeit und die Kontrollfunktion des betrieblichen Rechnungswesens zu steigern und die Genauigkeit der gelieferten Informationen zu vergrößern.

1 Die gegenwärtige Situation

10 Die Datenverarbeitungsanlagen

Es ist heute bereits offensichtlich, daß auch in Mittel- und Kleinbetrieben große Bereiche der Verwaltungsfunktionen durch Normung und Standardisierung für die EDV reif gemacht werden können. Für den Einsatz der EDV ist ja nicht allein der *Umfang* (= *die*
Menge der zu bearbeitenden Informationen) entscheidend, also in-
direkt die Kapazität der Verwaltungseinheit, sondern der *Anteil* in-
formativer Daten, deren Aktualitäts- und Intensitätsgrad. Zwar ist
diese Aufgabe der Aufbereitung für die EDV zu einem wesentlichen
Teil heute noch nicht gelöst, aber die Konkurrenzlage (Binnenmarkt
wie Außenhandel), die Verringerung der Arbeitszeit (in den letzten
10 Jahren um 8 %), der Mangel an fachlich qualifizierten Arbeitskräften, die geforderte Optimierung u. a. m. sind ein wesentlicher
Motor für die zunehmenden Installierungen von EDV-Anlagen mit
jährlichem Zuwachs von 20 bis 25 %, das bedeutet 1000—1200 Anlagen, und bei Abrechnungsmaschinen (AM) von 15 bis 20 %. 1975
werden die Elektronenrechner (ER) auf etwa 11 500 angewachsen
sein. Die mittleren Rechenanlagen (RA) werden sich dabei nur um
weniger als die Hälfte ihres gegenwärtigen Bestandes, die Großrechner (GR) allerdings von 55 auf 200 vermehren. Hinzu kämen etwa
8000 Abrechnungssysteme.

Die Computer-Rangfolge an installierten EDVA in den Ländern er-
gab 1968 etwa folgendes Bild: USA 40 000, BRD 3800, Japan 2700,
England 2200, Frankreich 2000, USR 1400, Italien 1300, Niederlande,
Schweden, Schweiz je 500; innerhalb der BRD (1967): Nordrhein-
Westfalen 931, Baden-Württemberg 469, Bayern 361, Niedersachsen
240, Hessen 220, Hamburg 176, Rheinland-Pfalz 116, Berlin 101,
Schleswig-Holstein 60, Bremen 44, Saarland 39.

1970 muß in Europa mit einer Zahl von 12 000 bis 13 000 installierten Computern gerechnet werden. In den USA wurden 1961 4 % der Gesamtinvestitionen für Informationssysteme konventioneller und integrierter Art aufgewendet. 1970 werden es etwa 13 %, 1975 zwischen 17 % und 20 % der Gesamtinvestitionen sein. Die gleiche Entwicklung zeichnet sich in Europa ab. Ereignisnahe Datenverarbeitung (real time = Echtzeit, Sofortverarbeitung) und gemeinsame Nutzung der Großrechner (time-sharing = Zeitteilverfahren) werden auf allen Gebieten zunehmen. Großraumspeicher und Datenfernübertragung (DFÜ) werden billiger, und hinsichtlich der Kommunikation Mensch-Maschine und umgekehrt sind wesentliche Neuerungen und Verdichtungen zu erwarten.

Dabei muß man erkennen, daß der Mangel an echten Arbeitskräften nicht nur gegenwärtig eine drückende Sorge ist, sondern in einer hochtechnisierten Wirtschaft eine Dauerlast darstellt. Das gilt vor allem für diejenigen Bereiche, in denen *besser und billiger mit einer entsprechenden Datenverarbeitungsanlage* (DVA) gearbeitet werden kann.

Das Problem ist selbstverständlich noch nicht damit gelöst, daß sich die Unternehmensleitung zur EDV entschließt und ein Maschinenaggregat anschafft. Denn die Hauptschwierigkeit liegt in der Planung, Organisation und Programmierung, d. h. in der Umstellung von der bisherigen Bearbeitung aller Betriebsabläufe und Verwaltungsvorgänge auf eine EDV und auf die „maßgerechte" EDVA. Hierbei ist nicht einmal die Umstellung im technischen Sinne das schwierigste Problem, sondern die Einarbeitung der Mitarbeiter, wobei konservative und psychologische Hürden überwunden werden müssen. Die Lösung dieser Probleme ist allzu häufig recht schwierig; denn die aktive Beteiligung der betroffenen Angestellten an einer Neuordnung, an einer Umstellung von Verfahren und Abläufen findet nämlich dort ihre Grenze, wo der Egoismus anfängt und die Einsicht aufhört. Es kann aber nicht Sache untergeordneter Abteilungen sein, über den Einsatz einer DVA zu befinden, sondern es ist ausschließlich eine Angelegenheit der Unternehmensleitung. Sie kann beurteilen, inwieweit das völlige Umdenken auf dem Gebiet des Informationswesens erfolgt ist und ob eine straffe, konsequent durchdachte Organisation durchgeführt worden ist bzw. werden kann.

11 Der Datenverarbeitungskaufmann

Mit dem Einsatz einer Rechenanlage (RA) in einem Unternehmen gehen wesentliche Veränderungen in der Verwendung des Büropersonals vor sich, da der Computer jetzt selbst die Informationen verarbeitet und auswertet. Der Bürobereich der Textverarbeitung (TV) wird zwar zur Zeit nur wenig entlastet werden, aber die meisten Angestellten für die routinemäßige Informationsverarbeitung und -auswertung werden die Daten für die Eingabe in die EDVA vorzubereiten haben. Andere Mitarbeiter werden nach entsprechender Schulung und Praxis für den ganzen Fragenkomplex um die EDVA herangezogen oder sonstwie in ihrer Stellung steigen. Das normale Wachstum des gesamten Wirtschaftslebens sowie eine aufgeschlossene Unternehmensführung werden eine Arbeitslosigkeit unter den Büroangestellten verhindern. Nur wird ihre Zahl nicht so rasch und im selben Maße wie die Wirtschaft ansteigen. Durch Verschiebungen in den Führungspositionen der Belegschaft wird den Veränderungen im Büropersonal Rechnung getragen. Es werden in erhöhtem Maße Fachleute und Spezialisten gebraucht, im besonderen auf den Gebieten der Planung, der Verfahrenstechnik, der Betriebswirtschaft, der Programmierung und der Wartung elektronischer Anlagen. Zweifellos werden auch auf höchster Ebene Veränderungen vor sich gehen. Möglichst vielseitige Männer (mit umfassender Vorbildung) werden für die Führungsaufgaben herangezogen, die dann auf Grund der Betriebsverhältnisse, der allgemeinen Wirtschaftslage und der sozialen Gegebenheiten Wirtschaftspolitik betreiben. Der Spezialist als Unternehmer wird seltener zu finden sein, da die Spezialaufgaben mehr dem mittleren Führungsniveau des Unternehmens vorbehalten bleiben.

Aus diesen kurzen Überlegungen geht klar ein *Strukturwandel* auf der kaufmännischen und verwaltungsmäßigen Ebene hervor. Wir dürfen es uns nicht mehr leisten, Menschen dort einzusetzen, wo Maschinen besser arbeiten, während die höheren Anforderungen in verantwortungsvollen, qualitativ aufgewerteten Positionen gar nicht mehr besetzt werden können. „Damit ist der *Datenverarbeitungskaufmann*[4]) die funktionell ‚integrierte‘, notwendige und herausgehobene Überlagerung oder Ergänzung zu dem bisherigen Industrie-, Handels-, Bank-, Verkehrs- und Verwaltungskaufmann geworden. Für ihn ist dabei die Kenntnis bestimmter DVA und der verschiedenen Maschinenmodelle sekundärer Art. Dringend ist aber die systematische Ausbildung mit Prüfungsabschluß, denn er wird zum Schlüsselberuf der neuen ökonomischen Welt werden.“[5])

Die Arbeitsgemeinschaft für elektronische Datenverarbeitung und Lochkartentechnik e. V. (ADL) hat sich durch das 1967 gegründete „Deutsche Institut für angewandte Datenverarbeitung“ (DIFAD) besonders um die Ausbildung verdient gemacht. Dabei wird auf folgenden drei Ebenen gearbeitet:

Stufe A: Grundstufe (einfache Programmierer oder Programmierassistenten).

Stufe B: Fachstufe (qualifizierte Programmierer und DV-Organisatoren).

Stufe C: Führungsstufe (DV-Fachkräfte mit akademischer Vorbildung, insbesondere Leiter von Rechenzentren oder DV-Organisationen).[6])

Allerdings dürfen wir die Anforderungen nicht überschätzen. Z. Z. (1968) betragen die Fachkräfte — eingeschlossen die Hersteller — rund 51 000 Mann. Das sind nur 0,2 % aller Erwerbstätigen. Die geschätzte Verdreifachung der installierten Computer bis 1975 wird nach anfänglicher aufgestockter Nachfrage nur eine Verdoppelung des Personalbedarfes nötig machen; denn die DVA der Zukunft werden einfacher zu programmieren nd zu bedienen sein. So wird z. B.

---

[4]) ADL, DIFAD-Prüfungsordnung, Kiel, Heft 47/1967, S. 579—580.
[5]) C. Schneider, Taschenlexikon der Datenverarbeitung, Forkel-Verlag, Stuttgart 1967.
[6]) R. Berke, Ausbildung für datenverarbeitende Berufe, ADL-Verlag, Kiel 1968.

der Bedarf an Locherinnen und Prüferinnen durch das optische Be-
leglesen erheblich zurückgehen.

In Anlehnung an die sorgsamen Ermittlungen des DIEBOLD-Institu-
tes können für 1970 als höchste Bedarfszahlen für Wirtschaft und
Verwaltung geschätzt werden: etwa 20 000—30 000 Programmierer,
10 000 Operators, 20 000—40 000 Organisatoren und Systemanalytiker
und etwa 5000 — 10 000 technische Wartungskräfte, ohne Berücksichtigung der Kräfte an Abrechnungsmaschinen. (In den USA werden auf anderer Grundlage zukünftig etwa eine Million *Datenverarbeitungsfachleute* benötigt gegen derzeitig etwa 200 000.)

In dieser Situation stehen die Mittel- und Kleinbetriebe vor der
schwierigen Überlegung, wie und wann sie die auf sie zukommen-
den Schwierigkeiten lösen können. Dabei bleibt ihnen zunächst die
Wahl zwischen dem *eigenen Kleincomputer* (KlC) oder der Miete bei
einem (externen) *Rechenzentrum* (RZ), wobei sich die verschieden-
Möglichkeiten anbieten, oder die *Gemeinschaftsanlage* (GA).

2 Der Kleincomputer

20 Begriffsabgrenzung

Eine Rechenanlage (RA), je nach der Größenordnung als Groß-, Mittel- und Kleinrechenanlage bezeichnet, ist nach internationaler Auffassung erst dann ein *Computer,* wenn sie mindestens folgende Eigenschaften aufweist:

1. Anwendung *elektronischer Bauelemente wie Transistoren,* Dioden, Mikroschaltkreise,

2. *interne Programmierung,* unabhängig davon, ob das Programm beispielsweise im Kernspeicher für die Dauer der Arbeitsabwicklung eingespeichert ist, ob es in Form einer Schalttafel oder eines Programmspeichers angeschaltet wird, der die Programmbefehle verdrahtet enthält, oder dgl.,

3. Beherrschung der vier Grundrechenarten, wobei Multiplikation und Division mindestens durch Programmierung durchführbar sein müssen,

4. die Fähigkeit, *logische Entscheidungen* im Rahmen der für das Programm gegebenen Richtlinien selbständig zu treffen,

5. das Vorhandensein von *Kontrollsystemen* (i. a. nur bei größeren Anlagen), welche die internen Rechenvorgänge selbsttätig überwachen und dafür sorgen, daß eingegebene Werte dem Rechner richtig zur Verfügung gestellt bzw. die ermittelten Ergebnisse vom Rechner richtig ausgegeben werden,

6. *Speichermöglichkeit* für errechnete Ergebnisse und Konstanten und

7. automatische, kontinuierliche *Ein- und Ausgabe* der Daten.

Computer kommt vom Lateinischen computare = rechnen, also Rechenmaschine, -anlage, volkstümlich Elektronengehirn. Bei diesem Universalgerät wird aber nicht nur (technisch) gerechnet — rund 200 000-mal und mehr schneller als der Mensch mit einer gewöhnlichen Tischrechenmaschine und mit arithmetischen Operationen in einer Stunde, zu denen ein Mensch früher 20 und mehr Jahre brauchte —, sondern es werden weiterführende Operationen und logische Funktionen durchgeführt, wobei das Schwergewicht auf dem sogenannten internen Speicher in seiner Form als Kernspeicher, Dünnschicht-Filmspeicher oder Magnetdrahtspeicher liegt. (Die Kosten für Entwurf und Bau eines Computers lagen 1968 in den USA i. a. zwischen einer halben und mehr als 10 Millionen Dollar. Die Tendenz der Herstellungskosten ist aber degressiv.)

Die Bezeichnung Computer hat sich als Sammelname für alle EDVA eingeführt, obwohl damit ursprünglich nur die Zentraleinheit (ZE) — der Rechner mit Steuer-, Rechen- und Speicherwerk — bezeichnet wurde. Grundsätzlich werden die Anlagen nach Art der verwendeten externen Speicher (Sp) unterschieden in Lochkarten (LK)-, Lochstreifen (LS)-, Magnetband (MB)-, Magnettrommel (MT)-, Magnetplatten (MP)-, Magnetstreifen (MS)-Anlagen.

Als Größenmerkmal dient die Zahl der Kernspeicherstellen im internen Speicher (Sp), wobei rund 1000 Kernspeicherstellen mit dem Buchstaben K (Kilo = 1000) bezeichnet werden, aber doch offen bleibt, ob darunter Stellen, Wörter oder Bytes verstanden werden sollen. Eine 8-K-Anlage hat demnach rund 8000 Kernspeicherstellen. Auf jede Kernspeicherstelle kann bei mittleren und kleineren Computern in rund 10 bis 1 Mikrosekunden (μs) zugegriffen werden.

Die Aufstellung einer *Anlagensystematik* nach der Funktionshöhe, nach der Einsatzbreite oder auch nach dem Preis ist nicht nur mit großen Schwierigkeiten verbunden, sondern auch höchst problematisch. Eine Einteilung nach Leistungsstufen ist wegen des Fehlens einheitlicher Bezugsgrößen kaum möglich. Das Preis-Leistungs-Verhältnis ist bestimmt ein wichtiges Merkmal für die Beurteilung eines

Computers. Dabei muß aber auf eine ganz konkrete Situation, die durch den Computer erfaßt werden soll, abgestellt und die Konfiguration der RA genau beachtet werden. Es kann von Faktoren wie Begrenzung, Spezialisierung, räumlicher Trennung oder Zusammenschluß von Maschinen beeinflußt werden. Großrechenanlagen (GRA) bieten ein günstigeres Preis-Leistungs-Verhältnis als mittlere und kleine RA. In beiden besteht aber in der weiteren Entwicklung ein Gefälle nach unten; aber die Personalkosten wachsen.

201 Kleincomputercharakteristik

Das Wort *Kleincomputer* wird nun von den Herstellern der EDVA für ihre „kleinen Großcomputer" (i. a. unter 16 K = Standard-Computer) ebenso in Anspruch genommen wie von den Büromaschinenherstellern für die teil- oder vollelektronischen „Abrechnungssysteme" verschiedener Art. Das bedeutet, daß von den Herstellern Buchungs- und Fakturierautomaten als „Kleincomputer" vorgestellt werden, ohne daß sie die entscheidenden Voraussetzungen eines Computers im Sinne der „internationalen" Definition erbringen. Die Tatsache, daß sie über kleine Kernspeicher verfügen, macht sie keineswegs zu einer EDVA. Aber angesichts der Entwicklungslage, daß Abrechnungsmaschinen (AM), Buchungsautomaten (BA), Magnetkontencomputer (MKC) qualitativ und auch quantitativ stärker und umfassender zu den EDVA aufschließen, besteht eine technologisch und aus dem wirtschaftlich-organisatorischen Einsatz vertretbare Auffassung, diese Anlagen in den Begriff des Kleincomputers (KlC) einzubeziehen, um so mehr, als dies bereits eine Reihe von Herstellern tut und die Fachliteratur sich dieser Meinung im allgemeinen angeschlossen hat. Das Beiwort „klein" bezieht sich hier auf Ausstattung, Größenordnung, Leistungsumfang und Preis. Die technischen Ausgangspunkte sind die gleichen.

Wenn die Abgrenzung des Kleincomputers nach unten (Abrechnungsmaschinen) wie nach oben (EDVA) nicht eindeutig ist, so ist aber offenbar, daß die Kleinrechenanlagen nur bei *begrenzter Auf-*

gabenstellung einsetzbar sind, während die *Standard-Computer*, als die wir die gängigen unteren Produktionstypen der EDVA-Hersteller ansehen können, *universelle* Anwendung finden können. Immerhin sind auch bei ihnen als kleine DVA die Tätigkeiten nach oben begrenzt, z. B. GE 55 mit 550 Tätigkeiten. Außerdem ist der Umfang der software (sw) ein wesentliches Kriterium.

Vom Preis her gesehen könnte man selbstverständlich voll- oder teilelektronische Rechenanlagen (RA) mit einer Monatsmiete von rund 500 DM bis rund 10 000 DM als Kleincomputer figurieren lassen. Für diese Kostenspanne sind im wesentlichen bestimmend die Art der Programmierung (interne Programmierung oder über Steuerbrücke), die Anzahl der Register, die Anzahl und Größe der Speicher, der Ablauf von Alphatext über das Programm oder über eine Kennziffer u. a.

Fassen wir „Pseudo"- und „echte" Kleincomputer zusammen (mit dieser Bezeichnung soll keinerlei Wertung verbunden sein), so waren davon Anfang 1968 laut DIEBOLD-Statistik in der BRD rund 4000 in Betrieb, wozu noch etwa 4000 konventionelle Lochkartenanlagen zu rechnen wären. Beide Maschinengruppen sind im System und im Aufbau durchaus ähnlich:

1. In ihrer Bauart und Arbeitsweise entsprechen diese Maschinen (als elektromechanische Anlagen auch „klassische Buchungsmaschinen" genannt) weitgehend dem klassischen „Standard-Computer"; denn sie weisen elektronische Bauteile auf, sind programmgesteuert und vermögen logische Entscheidungen zu treffen.

2. Ihnen allen, insbesondere den Abrechnungssystemen, ist im allgemeinen die direkte Dateneingabe (Handeingabe) über ein Tastenfeld mit Volltastatur und Zehnertastatur und für Spezialfälle sogar die Auswechslung der Tastaturen gemeinsam.

Alle unter dem Begriff Kleincomputer zusammengefaßten Anlagen sind in ihrer Leistungsfähigkeit, Vielseitigkeit und Geschwindigkeit recht verschieden.

2010 Klassifizierung

Die Skala des Kleincomputers kann einmal sehr weit gezogen werden, und zum anderen ergeben sich in den vorgenommenen Grup-
pierungen Überschneidungen, Überlappungen, Verzahnungen.

20100 Kleine Büroelektronik

Die sog. *„kleine Büroelektronik"* umfaßt im wesentlichen die
elektronischen Abrechnungsmaschinen (AM) (= Zusammenfas-
sung von Fakturier- und Buchungsmaschinen), die für alle Arbeiten des Rechnungswesens eingesetzt werden, mindestens drei
Rechenarten (Addition, Subtraktion, Multiplikation) beherrschen,
über Zehnertastatur verfügen, erhebliche Speicherung (Daten-
speicher von 10 bis 100 Worte zu je 16 Stellen und Zusatzspeicher
von je 100 Worte zu 48 Stellen) und automatischen Programmablauf im beschränkten Maße besitzen. Die meisten Fakturier-
maschinen haben keine Dividiereinrichtung, wenn man auch mit
ihnen durch eine Zusatzspeicherung dividieren kann.

Die Schreibleistungen betragen bei AM 12 bis 20 Anschläge/s.
(Bei Magnetkontencomputern im Durchschnitt 20 bis 50 Zeichen/s,
aber auch darüber hinaus bis 380 Z/s.) Je nach Ausführung und
Ausstattung liegen die Kaufpreise für AM zwischen 20 000 DM
und 100 000 DM bzw. die Monatsmieten zwischen 500 DM und
2000 DM. Das Kennzeichen der „kleinen Büroelektronik" ist die
DV am Einzelplatz. In Aufgabe und technischem Zuschnitt ist sie
weitgehend sachgebietsorientiert. Sie verbindet die ursprüngliche
Datenerfassung (DE) sofort mit einer lokalen DV, was ein nicht zu
unterschätzender organisatorischer Vorteil gegenüber der „großen
Büroelektronik" ist. Der kleine Unternehmer braucht eine universelle Kleinmaschine, die schreiben, rechnen und buchen muß. Ihm
kommt es nicht auf höchste Geschwindigkeit an, sondern auf einen
vertretbaren Preis. Er wird mit weniger Automatik auskommen,
will aber leicht programmieren können. Die Lebensdauer dieser
Maschinen beträgt in der Regel 10 bis 20 Jahre. Vom 5. Jahre ab
werden durchschnittlich 10 Prozent der Maschinen unbrauchbar,
was sich auch in der Miete auswirkt.

Die sog. „*mittlere Datentechnik*" (MDT)[7] umfaßt Maschinen und Systeme, die weder sehr einfach, billig und unkompliziert noch sehr umfangreich, aufwendig und kompliziert sind. Sie wird im wesentlichen vom „Magnetkontencomputer" (MKC) bestritten, wobei klar zwischen elektronischen Magnetkonten-Abrechnungssystemen, reinen Magnetkontencomputern und MKC mit charakteristischen Eigenschaften eines EDV-Systems unterschieden werden muß. Die Abgrenzung zum unteren Preis ist daher oft schwer durchführbar. Technisch sind sie mit manchen Geräten des unteren Kreises verwandt, greifen aber organisatorisch auf die mittlere und obere Ebene der DV über und üben (z. B. als Zubringer) eine unterstützende und ergänzende Funktion aus. Die Magnetkonten-Einrichtung ist oft nur die einzige Unterscheidung. Zusatz- und Sondereinrichtungen erweitern natürlich die Anwendungsmöglichkeiten. Hier stehen im Mittelpunkt die vollelektronischen Abrechnungsautomaten (AA) und die Magnetkontencomputer (MKC).

Der MKC erfreut sich insbesondere großer Beliebtheit, weil in ihm die Anschaulichkeit des lesbaren Kontos und die Schnelligkeit der Elektronik vereinigt sind. Außerdem ist die Magnetkontokarte (MKK) preiswert, bequem, abstellbar und bei entsprechender Organisation optisch und maschinell lesbar. Bei ihm ist noch eine Vielzahl manueller Eingriffe notwendig, besonders wenn bei jedem einzelnen Verarbeitungsvorgang MKK gezogen, vorgesteckt und wieder zurückgesteckt werden müssen. Diese manuellen Eingriffe können jedoch weitgehend reduziert werden durch Erweiterung der Kernspeicherkapazität. Kontenzufuhr und -ablage können auch vollautomatisch erfolgen, ohne daß der Programmablauf dadurch unterbrochen wird. Die MKK sind auch als externe, ideale Speicher mit wahlfreiem Zugriff im weiteren Sinne zu betrachten. So können z. B. im Debitorenbereich auf dem Magnetstreifen des Kontos gespeichert werden: Kundenanschrift, Konto-Nr., Konditionen, Monatsumsätze, nach Warengruppen

---

[7] H. Ackermann, Kienzle Apparate GmbH, Pressedruck 1967.

aufgeteilt, Provisionssatz für den Vertreter, Habensalden und
Saldo. Die Speicherung dieser Werte bedeutet eine fast vollautomatische Fakturierung mit gleichzeitiger Provisionsabrechnung,
sofern Fakturierung, Debitoren- und Lagerbuchhaltung in einem
Arbeitsgang vorgenommen werden. Alle kundenbezogenen Angaben und Werte würden aus dem Kundenkonto, Artikelbezeich-
nung und Preis aus dem Lagerkonto gelesen werden, wobei als
einziger Wert die Menge manuell über das Tastfeld einzugeben
wäre. Die Aufteilung nach verschiedenen Mahnsalden wäre
Grundlage für eine vollautomatische Abwicklung des Mahn-
wesens. Die Befehlsanzahl schwankt im allgemeinen zwischen
hundert und mehreren Hunderten, was vom Problem abhängig
ist. Wahlweise beträgt die Kapazität einer MKK 36, 52, 128, 210,
256, 512 und auch mehr numerische oder alphanumerische Stellen
mit fester oder beliebiger Wortlänge je Seite und je nach Fabrikat.
Für die Programmierung kann also auf 512 Stellen je Kontoseite
mit beliebiger Anordnung für Daten und Programm erweitert
werden. Die MKK sind doppelseitig verwendbar und können
220 $\times$ 450 mm groß sein.

Der Anschluß peripherer Geräte ist möglich. Es lassen sich Lochkarten (LK) oder Lochstreifen (LS) ebenso einlesen wie ausgeben,
wobei mit einer Druck- und Rechenleistung von 300 bis 500% gerechnet werden kann. Die Bedienungskräfte bedürfen nur einer
kurzen Anlernzeit, haben ein erleichtertes Arbeiten, und durch
die Maschinenarbeit werden Möglichkeiten für erweiterte neue
Aufgaben gegeben.

20102 Standardcomputer

Als weitere Gruppe des Kleincomputers sind die Maschinenaggregate der „Standard-Computer" in ihrer zweifachen Form als
Lochkartenanlage (LKA) und als EDVA anzusehen, wobei beide
für die Klein- und Mittelbetriebe vom Einsatz wie vom Preis her
vertretbar sind. Ihre Kaufpreise liegen zwischen 100 000 und
250 000 DM, die Mietpreise zwischen 2500 und 6000 DM und darüber. Das entscheidende Kriterium dürfte die Verwendung ver-

schlüsselter Datenträger (DT) sein, die sich mit hoher Geschwindigkeit in großen Massen verarbeiten lassen.

a) Die *konventionelle kleine Lochkartenanlage* mit der handlichen, anschaulichen, für viele Aufgaben und Zwecke präparierbaren Lochkarte (LK) ist im besonderen durch ihre Sortiermöglichkeit und Überschaubarkeit charakterisiert. Eine LKA besteht aus einer Zahl streng funktionsbestimmter Lochkartenmaschinen (LKM), d. h. die Anlagenteile können jeweils nur eine oder einige wenige Funktionen durchführen. Ein bestimmter Datensatz — i. a. repräsentiert durch einen Lochkartensatz — kann immer nur von einer Maschine bearbeitet werden. Die Durchführung mehrerer Funktionen erfordert also das zeitliche Nacheinander einer Vielzahl von Kartendurchläufen. Im organisatorischen Einsatz kann sie erscheinen:

1. als Zusatz-Computer zu einem Standard-Computer für solche Arbeitsgebiete und Abteilungen, deren Vorgänge nicht gestapelt, sondern jeweils nach Anfall (sukzessiv) verarbeitet werden müssen, und

2. auch als „Standard-Computer" mit der kleinsten Minimalausstattung: Locher, Sortierer und Tabelliermaschine für rund 3000 DM Monatsmiete.

Der praktisch-organisatorische Übergang zwischen elektronischer AM und DV mit LK ist ohne Probleme, und das Lochkartenverfahren (LKV) ermöglicht dem Unternehmen einen beachtlichen Spielraum im organisatorischen Vorgehen und als Startebene für einen weiteren Ausbau seiner unternehmerischen Ziele und Notwendigkeiten.

b) Die *elektronische Lochkarten-* oder evtl. *Magnetbandanlage* kann in einem Arbeitsgang relativ komplexe Datenverarbeitungsaufgaben geschlossen bearbeiten und/oder in einem Arbeitsgang zu einer mehrfachen Auswertung des Ausgangsmaterials gelangen (Simultanverarbeitung). In jedem Fall setzt sie den entscheidenden Begriff der Programmspeicherung voraus, wobei im Minimum etwa 50 bis 150 Befehle gespeichert werden können. Bei gehobenen Problemen mit dispositivem Charakter dürfte diese Befehlsanzahl erheblich überschritten werden. Die *Grundausstattung*, die zugleich auch die Minimalausstattung ist, setzt sich zusammen aus Zentraleinheit (ZE), Kartenleser-Kartenstanzer und Drucker. Eventuell braucht man auch nur eine Eingabe- und Ausgabe-Schreibmaschine. Die Anlage kann von zwei bis maximal 16 K gehen, hat im allgemeinen die Lochkartenbasis und liegt je nach Ausstattung und Speicherfähigkeit zwischen 4000 DM und 10 000 DM Monatsmiete, teils auch etwas über 10 000 DM. Als Kaufpreis wäre etwa das 45fache der Monatsmiete anzusetzen.

Für die Einteilung unter 20 100 bis 20 102 hat man auch die Bezeichnung low-cost-Anlagen. Das Verhältnis der Kleincomputer insgesamt zu den Großrechenanlagen (GRA) lag bei uns 1968 zahlenmäßig etwa bei 4:1.

2011 Einführungsgründe

Für den Einsatz eines Kleincomputers sprechen wie auch bei einer größeren Anlage folgende Gründe:

1. verschärfter *Wettbewerb*, der zu erhöhter Rationalisierung zwingt,

2. steigender *Personalmangel* hinsichtlich der Qualität, wodurch das vorhandene Personal überlastet wird, was die Zuverlässigkeit und die Terminfestlegungen beeinträchtigt,

3. Beseitigung bzw. Einschränkung der arbeits-, zeit- und lohnbelastenden Routinearbeiten,

4. rasches *Unternehmenswachstum*, wobei die steigende Belegflut automatisch einen wachsenden Datenanfall mit sich bringt (in Mitteleuropa jedes Jahr etwa um 10 Prozent höher gegenüber dem Vorjahr),

5. Änderung der *Geschäftspolitik*, z. B. Zentralisierung der Finanzabrechnung, Übergang zur bargeldlosen Lohn- und Gehaltszahlung usw.,

6. schnell greifbare und konzentriert aussagefähige Dispositions- und Entscheidungsunterlagen für die *Unternehmensleitung* und

7. rechtzeitige Erfassung der Marktgegebenheiten, um möglichen *Rezessionen* zu entgehen.

2012 Systemauswahl und Marktangebot

Wenn auch eine Reihe von Betriebsaufgaben und Betriebsabläufen erfolgreich und preiswert mit den konventionellen Methoden der DV durchgeführt werden kann, so ist die Elektronik bestimmend geworden, und kein Unternehmen kann daran vorbei, sich mit der modernsten Form der DV nicht nur zu beschäftigen, sondern sie möglichst zu realisieren. Natürlich bedeutet ein Sprung von der manuellen zur elektronischen DV für jeden Betrieb ein gewisses Wagnis, und eine Übergangszeit von ein bis zwei Jahren in der konventionellen DV macht sich immer bezahlt. Die weitere Entwicklung wird aber auch diese Stufe noch einsparen.

Einen Überblick über ein wesentliches Marktangebot auf dem Gebiet des *Kleincomputers* in seinen differenzierten Leistungs- und Preisstufen gibt die Tabelle Seite 34/35, in der von den gegebenen Katalogisierungen und Preisen der Hersteller für 1968 ausgegangen wurde.

Die Einteilung wurde nach folgenden Anlagegruppen vorgenommen:

    a) Abrechnungsmaschinen (AM) bzw. -systeme, einschließlich Magnetkontencomputer (MKC),

    b) Kleincomputer (KlC),

    c) Prozeßrechner (PR)*,

    d) Satellitenrechner (SR)** und

    e) Technisch-wissenschaftliche Rechner (TWR).

---

* Prozeßrechner dienen zur direkten Steuerung industrieller Prozesse und erledigen simultan und optimal reine Echtzeit-Aufgaben.

** Satellitenrechner bezeichnen kleine Rechenanlagen (RA), die für Großrechner (GR) einen Teil der Ein-/Ausgabe-Verwaltung übernehmen, indem sie LK verdichten, prüfen oder gar schon Zwischenrechnungen aufstellen, Magnetbänder vorbereiten und mit fertigen Magnetbändern z. B. den Schnelldrucker arbeiten lassen.

Firma	Typ	Systembasis	Ungefähre Monatsmiete ab DM
a) Akkord	AC 6000	LK/LS	500
Anker	ADS 2100	MKK/LK/LS	3 500
Burroughs	E 2000	MKK/LK/LS	2 000
	E 3000	MKK/LK/LS	1 200
	E 4000	MKK/LK/LS	2 500
Friden	5610	LK/LS	1 800
IBM	6 400	LK	2 500
Kienzle	System 800	MKK/LK/LS	1 500
	System 5000	MKK/LK/LS	1 200
Klemt	600	MKK	1 800
Log Abax	3200	MKK/LK/LS	500
NRC	446	LS	550
	500	MKK/LK/LS	2 500
Nixdorf	System 820/20	MKK/LK/LS	500
	System 820/30	MKK/LK/LS	1 200
Olivetti	Programma 101	MKK	425
	P 203	MKK	750
Ruf	Praetor 1000	LK/LS	450
	Praetor 3000	LK/LS	550
	Praetor 7000	MKK/LK/LS	1 500
Siemag	Data 4000	MKK/LK/LS	1 500
	Data 8000	MKK/LK/LS	2 500
Wanderer	Logatronic	LK/LS	500
	7500	MKK/LK/LS	1 000
	Exacta	MKK/LK/LS	1 500
b) Anker	ADS 900	MKK/LK/LS	6 000
B-GE	Gamma 10	LK m/Dr	4 980
		MB m/Dr	7 460
	GE 55	LK	3 629
		MT	5 873
B-GE	GE 115	LK	6 480
		MP	8 600

Firma	Typ	Systembasis	Ungefähre Monatsmiete ab DM
Burroughs	E 6000	MKK/LK/LS m/Zl Dr	3 900
Control Data	CD 700	LK	4 180
Eurocomp	LPG 21	LK	3 000
		MB	7 000
Honeywell	H 110	LK m/Dr	6 500
		MB m/Dr	10 000
IBM	1130	LK	6 200
	1401/H	LK	5 200
	/360/20	LK (4 K)	5 448
		LK (8 K)	5 848
ICT	1901	LK	7 000
Kienzle	System 6000	MKK/LK/LS	3 000
NCR	Century 100	LK/LS/MB	9 450
Siemens	4004/15	LK/LS	10 000
Univac	9200	LK m/Dr	4 370
	9300/I Modell A	LK m/Dr	6 750
	1004	LK m/Dr	4 125
	1005	LK m/Dr	5 310
Zuse	Z 22	LS	4 000
	Z 23	LS	7 500
	Z 25	LS	8 000
c) BBC	Z 32	LS	7 000
Control Data	CD 1700	LS	7 040
Siemens	301	LS	2 000
	302	LS	4 000
d) Control Data	CD 8090	LK/LS m/Zl Dr	10 000
		m/MB	11 000
	CD 8092	LK/LS m/Dr	6 800
		m/MB	8 000
e) CAE	10010	LK/LS m/Zl Dr	2 000

Die in der Tabelle angegebenen Richtpreise, die sich nur im größeren komplexen Zusammenhang miteinander vergleichen lassen, beziehen sich im allgemeinen auf Minimalkonfigurationen mit gestaffelten Preisen nach (Vertrags-) Zeitabschnitten (1 bis 5 Jahre). Die Maschinen arbeiten vorwiegend mit Lochkarten (LK), Lochstreifen (LS) oder Magnetkontokarten (MKK). Größere Systeme mit Magnetbändern (MB), Magnetplatten (MP), Schnelldruckern (SchDr) usw. kosten natürlich bedeutend mehr. Aus unterschiedlicher Mietdauer, Wartung und Finanzierung können sich selbstverständlich erhebliche Preisdifferenzen ergeben. Außerdem werden im praktischen Einzelfall besondere Anforderungen gestellt werden. Die Monatsmiete basiert meist auf 182 oder 200 Betriebsstunden und muß voll bezahlt werden, unabhängig von der Benutzung. Bei der heute üblichen „Baukasten-konzeption" können die Mietpreise natürlich sehr weit streuen, so daß sich nur schwer ein Durchschnittspreis für eine bestimmte Anlage ermitteln läßt. Diese ausgesprochenen Orientierungshilfen können aber den Interessenten zum Kontakt mit dem in Frage kommenden Hersteller bewegen.

2013 Leasing-Verfahren

Eine Reihe von Firmen vermietet auf Leasing-Basis. Der Kunde bestellt die AM oder den MKC oder den KlC beim Lieferanten, und die Leasing-Gesellschaft schließt dann mit dem Besteller einen Mietvertrag ab, der über zwei, drei, häufig über fünf und mehr Jahre laufen kann. Die Monatsmiete liegt i. a. bei 5,31 % der Anschaffungskosten bei zwei Jahren und fällt auf 2,60 % bei fünf Jahren. Bezüglich des technischen Kundendienstes bleiben die direkten Beziehungen zum Fachlieferanten erhalten, so daß in dieser Hinsicht kein Unterschied zum Kauf besteht. Die Mietverträge können natürlich unterschiedlich abgeschlossen werden. Der Mieter kann z. B. nach der Grundmietzeit die Anlage zurückgeben, er kann den Vertrag zu einem bedeutend geringeren Mietsatz erweitern oder auch die Anlage zu einem günstigeren Preis käuflich erwerben. Vertragsformen sind

a) der Standardvertrag (Mietpreis aus der vollen Abschreibung der
   Kaufsumme in der vereinbarten Vertragszeit),
b) Vertrag mit offener Abschreibungsbasis und
c) Vertrag ohne Restwertbeteiligung des Mieters.

Grundsätzlich gibt es bei der Anmietung von Kleincomputern in
jeder Form bezüglich des Anschaffungswertes der Objekte keine
Grenzen, obwohl die Lieferanten und vor allem die Leasing-Gesell-
schaften schon aus Zweckmäßigkeitsgründen ein Limit festlegen
werden. Interessant dürfte die Sache jedenfalls für alle Teile erst
bei größeren Maschinenaggregaten werden. Statt einer Abrechnungs-
maschine kann sich z. B. auch ein Magnetkontencomputer im Mittelbetrieb lohnen, wenn er mit 1000 bis 1500 DM Monatsmiete ins Haus
gestellt wird. Das Anlagevermögen wird kaum belastet, und zu einem
solchen Schritt entschließt man sich leichter als zu einer Investition
zwischen 60 000 und 100 000 DM. Wer also zur maschinellen DV
übergeht, muß sich den Finanzierungsweg genau überlegen.

21 Die Voruntersuchung

210 Voraussetzungen und Bedingungen

Der gestellten Problematik, ob Kleincomputer oder Rechenzentrum,
sind generelle Erläuterungen vorauszuschicken. Beide Bedienungs-
und Verarbeitungsformen erfordern zur wirtschaftlich optimalen
Nutzung immer mehr die Computertechniken der *„dritten Generation"*.

Diese Bezeichnung bezieht sich ebenso auf die *hardware* (represen-
tation), die Technik der Anlagen, wie auf die *software*, mit der gewissermaßen der intellektuelle Teil mit Programmiersprachen und
Programmierhilfen gemeint ist. Hierbei sind wesentlich das multi-
programming (die Parallelabwicklung *mehrerer* Programme in
einem Rechner) und das multiprocessing (die gleichzeitige Arbeit
mehrerer Rechner). Die bisherigen konventionellen Lochkartenmaschinen und die seriell arbeitenden EDV-Anlagen der ersten Generation (Elektronen-Röhren-Technik) und der zweiten Generation

(Transistoren-Technik) haben den ihnen unterstellten Wirtschaft-
lichkeitsgrad stark eingebüßt. Die modernen Anlagen der dritten
Generation sind heute bereits so weit entwickelt, daß sie von keiner
praktischen Aufgabe „überfordert" werden können. Sie arbeiten
fast fehlerfrei, sicher und mit konstanter Leistung und werden auch
für den Klein- und Mittelbetrieb maßgerecht „zugeschneidert". Das zu
wissen ist für jeden Unternehmer notwendig, wichtig und rentabel.

Das Anwendungsgebiet der Datenverarbeitung in der Wirtschaft ist
bekanntermaßen sehr umfangreich. Es müssen aber unbedingt vier
wesentliche *Bedingungen* erfüllt sein:

1. Die Anwendung muß sich auf *Informationsverarbeitung* beziehen.

2. Das *Ziel* der DV muß genau herausgestellt sein.

3. Das *Wesen* und die Form der Verfügungen und der zu verarbeitenden Informationen müssen genau bekannt sein.

4. Der *Weg*, auf dem man von den vorhandenen Informationen zu
   dem Ergebnis der DV kommt, muß so weit gedanklich erfaßt sein,
   daß er durch eine endliche Anzahl aufeinander folgender logi-
   scher Schritte eindeutig beschrieben werden kann.

211 Computermodell

Jahresumsatz, Beschäftigtenzahl, quantitativer und gleichartiger
Beleganfall, Lagerumschlagshäufigkeit und andere betriebliche
Kenndaten können als Bewertungsgrundlage dafür gelten, ob der
Unternehmer für bestimmte kommerzielle Aufgaben einen Compu-
ter einsetzen soll.

Das sind grobe Anhaltspunkte, die zunächst wenig über das zweckmäßigste *Computermodell* aussagen, das für die zu übernehmende
Aufgabe wirtschaftlich geeignet ist. Sie stellen auch noch eine zu
geringe Grundlage für die zu leistende Vorarbeit dar, die zu bewältigen ist, um den Rechner überhaupt einzusetzen. Es kann nicht als
richtig gelten, wenn der Großbetrieb den Großrechner, der Mittel-

betrieb einen mittelgroßen Rechner und der Kleinbetrieb einen Kleincomputer analog seiner Betriebsgrößenordnung wählt. Genauso unrealistisch wäre es, die erforderliche organisatorische Vorarbeit und das Austesten der für die einzelnen Arbeiten notwendigen Programme stück- und kostenmäßig als nicht ins Gewicht fallend zu interpretieren, auch bei stärkster Unterstützung durch den Hersteller. Es gibt eine Reihe von detaillierten Überlegungen, die grundsätzlich jedes Unternehmen, das mit Computern arbeiten will, vorzunehmen hat, bevor es sich entschließt, von den einzelnen Herstellern Angebote einzuholen.

Es ist heute durchaus möglich und auch üblich, die Ausstattung einer Anlage so zu wählen, wie es den Anforderungen zum Installationszeitpunkt entspricht. Mit wachsendem Arbeitsvolumen wird die Anlage dann stufenweise erweitert durch Vergrößerung des Speichers und/oder durch zusätzliche periphere Einheiten.

212 Vorfragen

Der vor der Entscheidung stehende Unternehmer hat sich eine Reihe wesentlicher Fragen zur Klärung und Beantwortung vorzulegen:

1. Wieviel und welche Art von Daten (Stamm- und Bewegungsdaten) und Informationen sollten unbedingt zu bestimmten Terminen verfügbar sein?

2. Wann, wo und wie erhält man diese Daten jetzt?

3. Welche Aussagefähigkeit haben die jetzigen Daten, und welche Aussagefähigkeit sollten sie haben?

4. Welcher Aufwand an Zeit, Personal und konventionellen oder elektronischen Maschinen wäre erforderlich, um den Sollzustand zu erreichen?

5. Ist der Betrieb für ein Lochkartenverfahren oder für eine EDV bereits geeignet?

6. Soll eine Kartenanlage oder eine Anlage auf Band- oder Plattenbasis gewählt werden?

7. Soll der Start mit einer kleinen Anlage in der erforderlichen Größe erfolgen, oder soll eine größere Ausstattung gewählt werden?

8. Kann die Anlage die geplanten Aufgaben erfüllen, und besitzt sie außerdem eine Kapazitätsreserve?

9. Kann sich die in Aussicht genommene EDV einem etwa schon vorhandenen Lochkartenverfahren anpassen?

10. Welcher Aufwand ist für einen Systemwechsel erforderlich?

11. Ist der Hersteller in der Lage, die Anlagen in der gewünschten Zusammenstellung und zur gewünschten Zeit zu liefern?

12. Bietet die Anlage die Möglichkeit einer späteren Erweiterung?

13. Sind die verschiedenen in Frage kommenden Anlagen hinsichtlich Kapazität, Geschwindigkeit, Zugriff, Programmierung, Preis usw. gründlich untersucht und einander gegenübergestellt worden, und zwar unter Berücksichtigung des gestellten Zweckes?

14. In welcher Zeit und mit welchen Kräften können die erforderlichen Vorarbeiten hinsichtlich der Verschlüsselungsfrage, der Planung und Programmierung erledigt werden?

15. Was kostet mich die Grundausstattung, damit ich überhaupt anfangen kann?

16. Was kostet es mich, meine Organisation darauf abzustellen, Programme zu schreiben und auszutesten und überhaupt das System zum Laufen zu bringen und am Laufen zu halten?

17. Gehört mein erster Computer einer Systemfamilie an, aus der ich dann auch den zweiten, dritten oder vierten bekomme?

18. Verwenden diese nachfolgenden Modelle die gleiche hardware (hw) und software (sw) wie das erste, damit meine erste Installation stetig weiterwachsen kann und ich nicht etwa für neue Programme erneut finanzielle Lasten habe?

19. Welche Personaleinsparungen müssen sich ergeben, damit sich die Anlage rentiert?

20. Kann die Anlage ggf. zusammen mit anderen Firmen gemeinsam benutzt werden?

Mit diesen Fragen, die je nach Spezialfall erweitert werden können, verbindet sich anschließend, möglichst in innerbetrieblicher Teamarbeit, die Aufnahme des Ist-Zustandes mit Feststellung der Lücken zwischen Soll und Ist, um daraus die Grundlage für das sachgerechte Organisationsschema, die aufzuwendenden Kosten und den Maschinenbedarf zu bekommen. Dabei ist es wichtig, das Problem erschöpfend schriftlich zu definieren, die Eingabe- und Ausgabedaten schriftlich festzulegen, in Frage kommende Beispiele schrittweise genau durchzurechnen. Das Team hat ferner den Informations-, Verfahrens- oder Tätigkeits- und Entscheidungsfluß zu untersuchen und dabei abteilungsweise und funktional den Datenfluß zu belegen. Die Aufzählung dieser Punkte läßt die Schwierigkeiten der Voranalyse erkennen. Dafür ist die Heranziehung eines neutralen und unabhängigen Fachmannes jederzeit zu empfehlen.

213 Bestimmungsgründe für die Wahl

Die *Voruntersuchung* braucht weitere entscheidende Hinweise für das Computermodell, die sich auf folgende Punkte erstrecken: Gleichartigkeitsprinzip, Mengencharakter, Organisationsplan, Wirtschaftlichkeit, Qualitätsoptimum.

2130 Gleichartigkeitsprinzip

Alle kommerziellen Probleme haben die Eigenart, daß eine große Anzahl gleichartig zu behandelnder Vorgänge zu bearbeiten sind. Großen Mengen von Ein- und Ausgabedaten stehen verhältnismäßig einfache Rechenvorgänge gegenüber. Anders ist es bei technischen Problemen. Bei Verwaltungsaufgaben und Bürotätigkeiten müssen die anfallenden Arbeiten einer gleichartigen organisatorischen Regelung unterworfen sein, die sich ständig oder oft wiederholt, was die besondere Geeignetheit für eine automatische Behandlung beweist. Dazu gehören Arbeiten, die einfach und ohne Ausnahmen ablaufen oder zentralisiert durchgeführt werden. Jede auf einer DVA zu bewältigende DV läuft nach einem Plan ab, der in einer langwierigen und präzisen Arbeit für den betreffenden Aufgabenbereich ermittelt worden ist. Das läßt sich nur dort durchführen, wo es sich um einen in zeitlicher und sachlicher Hinsicht gleichartig und gleichförmig gestalteten und sich regelmäßig wiederholenden Arbeitsvollzug handelt. Das ist z. B. der Fall bei der Lohn- und Materialbuchhaltung. Stark schematisiert sind auch in der Regel alle Arbeiten, die mit der Auftragsbearbeitung verbunden sind, wie Auftragsbestätigung, Fakturierung und Lagerbestandsführung. Individuelle Bedingungen bei der Lieferung oder Berechnung, große Differenzierungen hinsichtlich Warenkategorie und Rabattstaffelung, starke Abweichungen im Bearbeitungsvollzug und in der Lohnart bei der Produktion und unterschiedliche Terminfestlegungen in der Produktion erschweren eine nach gleichen Grundsätzen ausgerichtete Datenbehandlung.

2131 Mengencharakter

Die gleichartig geregelten DV-Aufgaben müssen durch einen *Mengen-* oder *Massencharakter* gekennzeichnet sein. Dabei sind das „Mindestanfallprinzip" und das „Eignungsprinzip" gewissermaßen zu prüfen; denn die „Auslastung" der Anlage steht im Vordergrund. Bei geringer Beleganzahl ist die EDV infolge der notwendigen Einrichte- und Rüstzeit unwirtschaftlich. Es besteht die Erfahrungsmeinung, daß der Einsatz einer DVA in folgenden Fällen vertretbar sein kann:

— bei rund 5000 bis 6000 Daten je Tag, ohne Beziehung auf einen bestimmten Arbeitsbereich oder auf eine bestimmte Branche,

— bei Banken und Sparkassen von etwa 50 000 Konten an, beim Einsatz der Anlage für Wertschriften-Überwachung auch früher,

— in der Lebensversicherung bei 30 000 Versicherten, in der Unfallversicherung bei 50 000 Versicherten, in der Automobil-Haftpflicht bei 80 000 Versicherten,

— bei Bauunternehmen bei 200 bis 300 Lohnempfängern,

— in der Maschinenindustrie bei 300 bis 500 Beschäftigten, je nach Sortimentsbreite (in der Werkzeugmaschinen-Branche mit ihrer „Maßarbeit" i. d. R. schon bei 300 Beschäftigten),

42

— in der Elektrizitätswirtschaft mit ihrem relativ hohen Bedarf an statistischen Auswertungen bei etwa 25 000 Abnehmern,

— im Handel etwa ab 5 Millionen DM Umsatz oder ab 25 000 Belegen im Monat,

— in der öffentlichen Verwaltung lastet bei 100 000 Einwohnern allein schon das Finanzamt bzw. das städtische Steueramt eine moderne EDVA aus.

Einen hohen beleggebundenen Rechen- und Übertragungsaufwand erfordert im industriellen Sektor i. d. R. die Lohnbuchhaltung. Die anfallenden Bürotätigkeiten erhöhen sich vor allem dann beträchtlich, wenn im Leistungslohn gearbeitet wird und kurzzeitige Bearbeitungsoperationen vorherrschen, die aus Kostenverrechnungs- und Planungsgründen einen jeweils eigenen Lohnzettel beanspruchen. So konnte z. B. ein Unternehmen bei 10 000 Lohnscheinen je Monat 3000 DM Personalkosten in der Lohnabrechnung einsparen und bereits damit die Hälfte der Monatsmiete einer Kleinanlage erwirtschaften.

Einen ausgesprochenen Mengencharakter zeigen auch die Verwaltungsarbeiten im Materialwesen, besonders bei der Vielzahl einzelner Materialentnahmen. Mit der Bestandsbewegung sind Lagerdispositionen und Bedarfsermittlung verbunden. Die Materialabrechnung ist schon in kleineren Betrieben ein vorteilhaftes Einsatzgebiet maschineller DV. In der Auftragserledigung liegt durch eine Vielzahl katalogisierter Positionen für einen großen Kundenkreis, der in kurzen Abständen beliefert wird, ein günstiger Einsatz des Lochkartenverfahrens (LKV) oder der elektronischen Datenverarbeitung (EDV) vor. Hier lassen sich noch statistische Auswertungen, wie Bezirksumsätze, Provisionen, Vorplanungen und Lagerdispositionen, vorteilhaft unterbringen. Vom Standpunkt der Menge ist auch die betriebliche Fertigungsplanung und -lenkung ein nützliches Aufgabengebiet für die DV. Operationen, bei denen die eingegebenen Daten nur einmal verwendet werden, lohnen dagegen kaum den Einsatz einer DVA.

2132 Organisationsplan

Voraussetzung für die maschinelle DV sind auch Arbeiten mit großer *organisatorischer* und *methodischer* Stabilität. Dazu ist eine logisch aufgebaute, Vorgänge und Berechnungen lückenlos erfassende *Organisation* erforderlich. Niemals darf mit der Organisation erst nach der Aufstellung der Maschinen begonnen werden. Das bedeutet, daß für sämtliche Arbeitsbereiche entsprechende *Schlüsselsysteme* (numerisch) gebildet sind. Hierzu gehören Material- und Fertigungserzeugnisse-Schlüssel, Stücklisten- und Auftragsnummern-Systeme, Kontenpläne, Arbeiterstamm-Nummern, Lohnarten-Verschlüsselung usw. Wenn auch solche Ordnungssysteme mit der Einführung einer DVA geschaffen werden können, so ist es doch vorteilhafter, vorher das betriebliche Arbeitsgefüge organisatorisch entsprechend auszurichten.

„Die erforderlichen Nummernschlüssel müssen eindeutig, vollständig, systematisch und möglichst dekadisch aufgebaut sein."[8]) Dabei bietet der numerische Aufbau der Schlüssel folgende Vorteile:

a) Misch- und Sortiervorgänge sind leicht durchführbar.

b) Datenträger (DT) lassen sich einfach, sicher und zeitsparend erstellen.

c) Die Gesamtorganisation ist klar geordnet und übersichtlich. Es ist dabei ratsam, in der Stellenanzahl nicht über zehn hinauszugehen.

In das Organisationsschema gehören auch Arbeiten, die zentralisiert durchgeführt oder die zu unterschiedlichen Terminen fertiggestellt werden. Ferner muß eine ganz exakte *Formulargestaltung* erfolgen. Im allgemeinen sind bei dem Einsatz eines Computers die meisten Formulare neu anzulegen. Alle diese Fragen sind von einem innerbetrieblichen Team von 3 bis 6 Personen der Untersuchungsgruppe unter Berücksichtigung der wesentlichsten Abteilungen mit der Ausrichtung durch die Geschäftsleitung sorgfältig und vorausplanend zu lösen; eventuell ist ein außerbetrieblicher, unabhängiger Organisator hinzuzuziehen.

---

[8]) R. Schultheiß, Zehn Organisationsgrundsätze für den EDV-Einsatz im Rechnungswesen. Rationalisierung (RKW) 5/1968 S. 105

Die Gesamtheit der sorgfältigen organisatorischen Vorplanung kostet
Zeit, die mit Beginn und Ende verplant sein muß. Das konventionelle
Vorgehen, charakterisiert durch ausführliche „Ist-Aufnahmen"
und sehr detaillierte Methoden- und Führungsplanung, erfordert
oftmals ein bis zwei Jahre. Ein optimales Vorgehensprogramm, das
vom jeweiligen Entwicklungsstand abhängig ist, kann in einigen Monaten abgewickelt werden.

2133 Wirtschaftlichkeit

Wie jede betriebliche Investition muß sich auch die DVA den Gesetzen der *Wirtschaftlichkeit* beugen. Sie hängt naturgemäß von
ihrer Auslastung ab, für die die Anzahl der Betriebsstunden allein
jedoch kein Maßstab ist. Wichtig ist die Qualität der Ergebnisse, d. h.
ihre Zuverlässigkeit, ihre Terminsicherheit und ihre Aussagefähigkeit. Je häufiger z. B. eine Lochkarte ausgewertet wird — das Minimum ist drei- bis viermal —, um so größer wird die Wirtschaftlichkeit dieser Anlage. Selbstverständlich kann keine DVA wirtschaftlich arbeiten, wenn ihr nicht von vornherein geeignete Aufgaben gestellt werden. Eine DVA muß nicht nur lesen und schreiben,
sondern auch sortieren, mischen, lochen und stanzen können. Darüber hinaus muß ihre Rechenleistung *optimal* genutzt werden. Optimal heißt in diesem Zusammenhang aber auch innerhalb der geforderten Zeit, der sog. *Echtzeit*. Jedoch ist es schwierig, z. B. den
aktuellen Informationsgrad zu bewerten, es sei denn, man stellt den
zusätzlichen Personalbedarf gegenüber.

Kleine Unternehmen geraten leicht in Gefahr, menschliche Arbeitskraft und Finanzmittel zu vergeuden, wenn sie nicht zuvor eine
Liste der möglichen Anwendungen auf der DVA erstellen. Wenn ein
Unternehmen sehr materialintensiv fabriziert, wird man den Computer zunächst einmal auf die Lagerhaltung und Disposition der
Rohmaterial- und Halbzeugbestände ansetzen. Bei lohnintensiver
Fertigung sind die Akkordzeiten und Überstunden unter die Lupe
zu nehmen, für einen Großhändler liegt das Problem bei den Verteilkosten usw.

Die Wirtschaftlichkeit der DV wird wesentlich bestimmt

1. durch das *Verhältnis von Kosten zu Leistung,* wobei die Kosten leicht festzustellen sind, die Erträge aber nur zum Teil exakt in Ziffern ausgedrückt werden können, und

2. durch eine *Investitionsrechnung,* d. h. durch den Vergleich der einmaligen und der zukünftigen laufenden Mehrkosten mit den zukünftigen möglichen Einsparungen und Vorteilen.

Wenn man im allgemeinen mit der Amortisation der Investition und der Anlaufkosten in zwei bis drei Jahren rechnet, so gilt aber als wirtschaftliches Optimum, daß die jährlichen Kosten der Anlage nach neun Monaten durch die erbrachten Leistungen gedeckt sein sollten.

Ob mit den durch den Einsatz der DVA ermöglichten Personaleinsparungen ein Computer amortisiert werden kann, ist in erster Linie eine Frage der betrieblichen Größenordnung. In den USA gibt es vielfache Beweise, wo sich der Computer allein durch Automatisierung der Lohn- und Gehaltsabrechnung oder durch einfachste Materialabrechnung rentierte.

Die Wirtschaftlichkeit wird weiterhin bestimmt von der zweckmäßigen Gestaltung des Datenträgers (DT), von der einmaligen Datenerfassung (DE) und von dem Zusammenhang der Einzelprogramme zur mehrfachen Nutzung der Daten wie DT in verschiedenen Programmen (P). Je mehr P ein und derselbe DT belegt, um so niedriger werden die Kosten der DE bzw. der DT-Erstellung.

Die Wirtschaftlichkeit des Computereinsatzes auch für Klein- und Mittelbetriebe ist nur in den Fällen direkt nachweisbar, in denen der Computer als Rationalisierungsmittel für die Automatisierung administrativer Arbeitsvorgänge eingesetzt wird. Verkehrs- und Dienstleistungsbetriebe weisen hier die günstigsten Voraussetzungen auf. Industrielle Betriebe brauchen ihn vordringlich als technisches Hilfsmittel, das die Einführung neuer Planungs-, Steuerungs-, Bewirtschaftungs- und Führungsmethoden ermöglicht. 5 Prozent bis 25 Prozent des Personals, das Routinearbeiten verrichtet, kann durch

DV freigestellt werden. 5 Prozent bis 30 Prozent des Lagerbestandes kann durch exakte Dispositionen und durch elektronische Überwachung des Einkaufs gesenkt werden. 1 Prozent bis 5 Prozent Umsatzsteigerung sind die Folge der elektronischen Fertigungsplanung und -steuerung. Die Wirtschaftlichkeitsschwelle ist schon erreicht, wenn die Erträge aus der EDV gleich dem Aufwand sind. Es gilt die Faustregel, daß die gesamten EDV-Kosten 200 Prozent der Mietkosten für den Computer ausmachen. Die Meinung, daß ein Computereinsatz wirtschaftlich vertretbar ist, wenn seine jährlichen Mietkosten nicht über 1 bis 2 Prozent (in den USA 2 bis 5 Prozent) des Jahresumsatzes hinausgehen, ist umstritten und sehr angreifbar. „Fundierte Unterlagen für die zu erwartende Wirtschaftlichkeit lassen sich nur durch eine systematische Analyse und eine Gegenüberstellung der Kosten und des Nutzens des alten und neuen Verfahrens gewinnen, wobei alle Bereiche des Unternehmens in die Untersuchung einzubeziehen sind."[9]

2134 Qualitätsoptimum

Der Einsatz einer DVA erwirkt auch *Zielsetzungen für die Zukunft* insofern, als eine Verbesserung des betrieblichen Organisationsstandes, eine Verfeinerung und Beschleunigung der betriebswirtschaftlichen Aussagen, eine schnelle, hieb- und stichfeste Preiskalkulation erreicht werden soll, damit marktgerecht und konsumbetont der volkswirtschaftliche Auftrag zu erfüllen ist. Es wird daher sehr zweckmäßig sein, eine gewissenhafte Untersuchung des Organisationsaufbaues, der organisatorischen Hilfsmittel, des Personals und des Datenflusses unter dem Gesichtspunkt anzustellen, wie die Rechenanlage optimal eingesetzt werden kann.

Ratsam ist die Aufstellung mehrerer organisatorisch aufeinander abgestimmter Einführungsstufen, die nach einem *Zeitplan* für Einführungs- und Umstellungsmaßnahmen zu durchlaufen sind. Im allgemeinen ist es empfehlenswert, im Umstellungszeitraum beide technische Formen — alt und neu — parallel laufen zu lassen.

---

[9] Heilmann-Reblin: Einsatzplanung für eine Datenverarbeitungsanlage. Forkel-Verlag, Stuttgart 1968. S. 120 u. f.

Schließlich ist ein genauer *Auslastungsplan* für ein Jahr aufzustellen, der eine zeitliche Ablauf-Übersicht der einzelnen Programme gibt. Über die Termine und Zeitdauer der Programmläufe, über Reparatur- und Testzeiten ist ein Log-Buch zu führen.

22 Möglichkeiten des Einsatzes

Ein unabhängiger Fachmann hat zu untersuchen, wie weit die Integration der verschiedenen Arbeitsgebiete wirtschaftlich ist, welche Daten anfallen und wie weit die Gleichschaltung der Datenerfassung und der Datenauswertung gehen kann. Diese relativ wenig Zeit beanspruchende Untersuchung soll ergeben, welche Möglichkeiten des *Computereinsatzes* in Frage kommen und welche Wirtschaftlichkeit erreicht werden kann. Anschließend werden die einzelnen Arbeitsgebiete mit ihren wechselseitigen Verknüpfungen nach Methoden und Ablauf konzipiert. Daraus werden die Anforderungen an einen Computer abgeleitet und — nach Feststellung des zweckmäßigsten Systems — die Rentabilität errechnet.

23 Datenorganisation

Ist die Untersuchung der verschiedenen betrieblichen Voraussetzungen für die Installierung eines Computers abgeschlossen, muß als nächste wichtige Stufe für die Auswahl der Anlage die *Datenorganisation* festgelegt werden. Dabei ist das sog. Datenprofil oder Datenbild zu klären, d. h. die nach Quantität, Qualität und Zeit verarbeitete Summe der in der DV zu verarbeitenden Daten hat sich den Fragen: Wann, Wo, Wie, Wozu usw. zu stellen. Das Datenprofil vermittelt den Überblick über die hardware-Anforderungen, die an die Ein- und Ausgabegeräte sowie an Kapazität und Zugriffszeit externer Speicher zu stellen sind. Wenn darin unter Berücksichtigung von Verschlüsselung, Formulargestaltung, Archivierung alles geordnet ist, muß ein übersichtlicher, mit allen maßgeblichen Betriebs- und Verwaltungsstellen abgesprochener Organisationsplan entworfen werden.

24 Angebotsprüfung

Abschließend sollte bei den verschiedenen Herstellern das *Angebot* angefordert werden. Dabei ist von vornherein zu beachten, ob von den Herstellern der organisatorische und technische Kundendienst gewährleistet werden kann, ob der neueste technische Stand erreicht ist, ob und wo sich die Möglichkeit bietet, das System in Arbeit zu überprüfen, und welche ortsnahen Ausweichmöglichkeiten bestehen. Bei einer klaren und weitgespannten Aufgabenstellung sollte das mögliche Modell mit allen Kenndaten praktisch vorgeführt werden. Dabei besteht das Problem, die richtige Maschine für die gegebenen Arbeiten zu finden, was besonders schwierig wird, wenn verschiedenartige Arbeiten auf der gleichen Anlage durchgeführt werden sollen, z. B. wissenschaftliche Berechnungen und kommerzielle Massenarbeiten, wobei aber zuzugeben ist, daß die kommerziellen Arbeiten durch ständige Verfeinerung der Ergebnisse und durch die immer mehr steigende Verwendung mathematischer Methoden zur Lösung betriebswirtschaftlicher Aufgaben in die gleiche Richtung tendieren wie die wissenschaftlichen Arbeiten.

Die Angebote und Vorführungen zu prüfen dürfte wohl eine der schwierigsten Aufgaben sein. Der Großbetrieb verfügt meistens über einen Stab entsprechend qualifizierter Mitarbeiter, die sich seit Jahren ausschließlich mit der DV und den DVA befassen. Beim Klein- und Mittelbetrieb wird sehr oft ein leitender Angestellter mit dieser Aufgabe zusätzlich zu seinem eigentlichen Ressort beauftragt. Er kennt die Anlagen wohl aufgrund von Beschreibungen und Besichtigungen, von Messen und möglicherweise bei andern Benutzern. Dieses „Kennen" reicht aber nicht aus, um ein qualifiziertes Urteil über die Zweckmäßigkeit der angebotenen Modelle abzugeben. Einen Mitarbeiter mit qualifizierten EDV-Anlagen-Kenntnissen einzustellen, der die Angebote werten kann und später die Abteilung übernimmt, wäre ein Weg. Dieser Mitarbeiter braucht aber eine gewisse Zeit, um sich mit den internen und branchennotwendigen Problemen des Betriebes vertraut zu machen. Eine weitere Möglichkeit wäre die Beratung durch eine mit der EDV und den EDVA vertraute Organisation. Dieser Weg sollte von den Klein- und Mittelbetrieben nicht gescheut werden. Die Berater werden, sofern sie von den Herstellern absolut unabhängig sind, wertvolle Hinweise für die Einführung der EDV und für das zu wählende Modell geben. Grundsätzlich muß erkannt werden, daß die Entscheidung betriebsindividuell bedingt ist, und zwar hinsichtlich Zeitpunkt, Betriebsgröße und Unternehmensorganisation. Dabei kommt es auch darauf an, ob die Beschaffung einer kompletten Anlage erforderlich ist oder ob hierfür die Zusammenarbeit mehrerer ähnlicher Betriebe bzw. die Inanspruchnahme eines externen Rechenzentrums (RZ) zweckmäßiger wäre.

Alle diese Überlegungen, Vertrauen zum Hersteller, Leistungsbeweis aus Vorführprogrammen, Untersuchung spezifischer Eigenschaften, spielen bei der Auswahl der für den jeweiligen Fall günstigsten Anlage eine erhebliche Rolle. Sie dürfen aber nicht einzeln den Ausschlag geben. Nur aus der Gesamtschau aller wesentlichen Eigenschaften ergibt sich bei der Beurteilung das richtige Bild.

Die Gespräche mit den Herstellern sind sehr wesentlich. Dafür ist es angebracht und sehr nützlich, eine gründliche Publikation über „Die Auswahl von EDV-Anlagen"[10]) vorher durchzuarbeiten.

25 Computerkosten

Es ist durchaus natürlich, daß bei der Anschaffung jeglicher Maschinenaggregate die Kostenfrage eine entscheidende Rolle spielt. Es kann aber im Rahmen dieses Buches nicht die Absicht sein, spezielle Zahlen über Kosten und den Aufwand einzelner Installationen zu nennen, und zwar aus mehreren Gründen:

1. Die *Exaktheit* ist so gut wie unmöglich; die Kosten je Arbeitseinheit differieren stark.

2. Die *Erfahrungswerte* sind betriebsindividuell, nach Betriebs- und Leistungsart *differenziert*, durchaus komplex und oft gesplittet.

---

[10]) K. Hofmann: Die Auswahl der EDV-Anlagen. Robert Göller Verlag, Baden-Baden 1967.

3. Die *Vergleichbarkeit* zwischen Herstellermodell und zwischen Unternehmenseinsätzen geht von verschiedenen Basen und Zielen aus.

Aber der Weg zu einem potentiellen Ergebnis kann gefunden werden, wenn mit einer sauberen, in Zahlen erfaßbaren Aufgliederung der Kosten vorgegangen wird. Darum trennt man zweckmäßigerweise für die *Kostenerfassung* die Computerkosten in die Gruppen: Einrichtungs- oder Einmalkosten, weil sie nur ein einziges Mal auftreten, und Betriebs- oder laufende Kosten, die als Auslagen für die Wartung und den sachlichen und personellen Betrieb der installierten Anlage periodisch wiederkehren.

250 Einrichtungskosten

Zu den *Einrichtungs- oder Einmalkosten,* die je nach Anlage und Lieferer differieren, gehören:

1. die reinen *Raumkosten,* die durch die Miniaturisierung aller Aggregate zunehmend geringer werden und i. a. mit 5 DM bis 8 DM je Quadratmeter je Monat angesetzt werden können,

2. die *Installationskosten* einschl. Klimaanlage, doppelter Verkabelung usw., die i. a. $1^1/_2$ bis $2^1/_2$ Maschinenmonatsmieten ausmachen,

3. die *Ausbildungskosten* für das erforderliche DV-Personal, wobei man für eine Kleinanlage je nach Maschinenaggregat und Aufgabenstellung 1 bis 3 Mitarbeiter (bei mittleren 4 bis 10, bei Großanlagen 10 bis 20) zu rechnen hat (Tendenz fallend), was bei einem Betrag von 2 bis 5 Monatsmieten liegen kann,

4. die *Organisationskosten* durch die Organisations- und Systemberater und für die Vorbereitung des Programms, wofür der Betrag einer Maschinenjahresmiete einzusetzen wäre,

5. die *Umstellungskosten,* die fallweise hoch (etwa 2 bis 3 Jahresmieten) oder auch niedrig liegen können oder eventuell ganz wegfallen, und

6. die *Anlaufkosten* bzw. Sprungkosten von der Teil- bis zur Vollauslastung.

Für die Amortisation dieser Kosten kann — wie bereits gesagt —
durchweg ein Zeitabschnitt von 2 bis 3 Jahren angenommen werden.
Optimal sollte die Tilgung nicht über 9 Monate hinausgehen.

251 Betriebskosten

Zu den *Betriebs- oder laufenden Kosten,* die gegenüber den Ein-
richtungskosten nur eine untergeordnete Rolle spielen, zählen:

1. die Maschinen-Monatsmiete bzw. die Amortisationsbeträge und
   die Wartungskosten beim Maschinenkauf, wobei die monatlichen
   Mietkosten (je größer die Anlage, um so geringer der Faktor)
   etwa mit dem Faktor 2,50 bis 3,50 multipliziert die Gesamtkosten
   ergeben,

2. die *Energie-* bzw. *Stromkosten* (ein-, zwei- oder dreischichtig)
   und die Materialkosten (Datenträger, Formulare, Listen usw.),

3. die *laufenden Kosten* für Maschinen, Lager- und Büroräume,
   soweit zur DV gehörig, die sich im „internen Rechenzentrum"
   sauber abgrenzen lassen, und

4. die *Personal-* einschl. Folgekosten.

26 Computerleistung

Die Abschätzung der zu erwartenden Nutzeffekte wie der ideellen,
organisatorischen und informatorischen Werte und damit die Vor-
ausberechnung der Wirtschaftlichkeit bereitet durchweg größere
Schwierigkeiten als die Feststellung der Kosten, die ja zum größten
Teil effektiv zu erfassen sind.

Im wesentlichen müssen sich folgende Ergebnisse erreichen lassen:

1. Errechenbare *Einsparungen* durch Fortfall alter Organisation, die
   sich auswirkt in Raum- und Platzkonzentration, Formularverein-
   heitlichung, kontinuierlichem Arbeitsfluß, personelle Einsparungen.

2. *Effektive Kapital-, Zins- und Lohn-Einsparungen* durch neu-
gewonnene Arbeitsstruktur, Lagerverminderung, Rationalisierung
der Arbeitsvorbereitungs-, Bestell- und Fertigungskosten.

3. Tagesfertige, fristgemäße *Informationen* für das Management.

4. *Entscheidungshilfen* zur besseren Flexibilität des Gesamtunter-
nehmens.

Für diese verschiedenen Möglichkeiten wird auf das Buch Heilmann/
Reblin (siehe Fußnote Seite 47) verwiesen.

Einem Kleincomputer wird es immer nur zu einem Teil möglich sein,
die aufgezeichneten Arbeitsbereiche zu bewältigen. Es lassen sich
im wesentlichen die reinen Abrechnungsarbeiten, wie Fakturierung,
Lohn- und Gehaltsabrechnung, Buchhaltung usw., durchführen und
die notwendigsten Informationen für die Überwachung und Steuerung des Unternehmens, also Verkaufsstatistiken, Lagerbestands-
dispositionen, Fertigungssteuerung usw., erreichen.

Je weniger leistungsfähig ein Computer ist, um so mehr Arbeitsgänge
müssen ausgegliedert werden. Der *Mietfaktor* wird um so ungünsti-
ger, je kleiner die Anlage ist.

Der *begrenzte Leistungsbereich* eines Kleincomputers hat normaler-
weise seine Ursache in einem geringen technischen Aufwand, also
zu wenig hardware, und in der Begrenzung der Programmierhilfen,
also eingeschränkte software. Der Benutzer kann also hinsichtlich der
Programmübersetzung nicht die gleichen Leistungen wie bei einer
größeren EDVA erwarten. Sobald die Anlagen aufwendiger und damit universeller ausgestattet sind, gehen die Preise beträchtlich nach
oben; aber der Mietfaktor fällt.

Von diesen Überlegungen her wird ein externes Rechenzentrum (RZ)
attraktiv, wenn die entsprechende quantitative (Anzahl der Arbeits-
schritte je Zeiteinheit) und qualitative (intensive Auswertung der
gestellten Aufgaben) *Leistungsbreite* gegeben ist, wozu die Vorteile
der Beratung und der Fortfall der Finanzierungs-, Raum- und Per-
sonalprobleme kommen.

27 Personalproblem

Die Schaffung der personellen Voraussetzungen für den Einsatz eines Computers ist sehr bedeutungsvoll. Ohne qualifizierte, in der DV erfahrene und auf DVA geschulte Personen kann die modernste und leistungsfähigste Anlage kaum zu dem Ergebnis gelangen, für dessen Erreichung sie gedacht war und angeschafft wurde. Organisation, Programmierung, Wartung, Bedienung sind wesentliche und unabdingbare Voraussetzungen, die von den Mitarbeitern erwartet werden müssen. Soweit das Unternehmen über eigene fähige Kräfte verfügt, wird es sie nach einem genauen Plan einsetzen und rechtzeitig und umfassend ausbilden bzw. schulen lassen, wofür i. a. ein bis zwei Jahre für die Ausbildung und Einarbeitung anzusetzen sind. Wegen der Betriebskenntnis eigener Mitarbeiter ist ihre Heranbildung zum Programmierer, Operator usw. meist einer Neueinstellung von außen kommender Kräfte vorzuziehen.

Die IBM z. B. verfügt seit Jahren über ein weitverzweigtes Schulungs- und Ausbildungsnetz, das sowohl die eigenen Mitarbeiter als auch die Fortbildung der Kunden bis hinauf zum Firmenchef umfaßt. 25 Mio DM wurden allein 1967 dafür ausgegeben. Da in absehbarer Zeit die Anzahl der Kursbesucher mit den herkömmlichen Lehrmethoden nicht mehr auszubilden ist, sind aktive Lernprogramme entwickelt worden. Mehr als 20 000 Kurs-Absolventen arbeiten bis jetzt nach dieser „Programmierten Unterweisung" (PU), wodurch ein wesentlicher Teil der Ausbildungsarbeit von den Teilnehmern zu tragen ist. Die gleichen Probleme kommen auch auf die anderen Herstellerfirmen zu, die ebenfalls mehr oder weniger die Schulung ihrer Kunden betreiben.

Soweit Datenverarbeitungs-Fachleute vom *Arbeitsmarkt* zu holen sind, spielen Angebot und Nachfrage einen entscheidenden Einfluß. In der Hierarchie dieser neuen Berufsgruppe ist z. Z. noch die Nachfrage größer als das Angebot. Dadurch kommt es zu Abwerbungen, wobei die verlangenden Unternehmen meist steigende Gehälter zu zahlen haben. Diese Situation ist auch für die abgeworbenen Firmen recht ungünstig. Einmal haben sie hohe Ausbildungs- und Einarbeitungskosten investiert, und zum andern können sie in die Lage kommen, vorübergehend ohne Leute zu sein, „die ihre Anlage fahren".

Die Personenanzahl richtet sich nach der Größe der Anlage, nach dem erreichten organisatorischen Reifegrad des Unternehmens, nach der Stufe der DV, ob manuell oder über Lochkartenmaschinen (LKM) oder bereits über Magnetband (MB), nach dem Vorhandensein der erforderlichen Schlüsselsysteme, der Formulargestaltung, dem Arbeitsablauf, den Arbeitsanweisungen und nach dem beabsichtigten Ein- oder Mehrschichtbetrieb der Anlage. Beim letzteren Punkt ist wichtig zu wissen, daß bei einer Mietanlage für die 2. Schicht etwa 50 Prozent Mehrkosten entstehen im Gegensatz zum Mehrschichtbetrieb bei einer gekauften Anlage, wo auf der Maschinenseite ein echter Kostenvorteil liegt, ein wesentlicher kalkulatorischer Umstand bei den Rechenzentren jeglicher Art.

Mit weiterer Verbreitung der Computertechnik wachsen die quantitativen Personalanforderungen, und zwar überproportional, wenn eine verstärkte Verschiebung zum Kleincomputer hin erfolgt; denn für den Betrieb und die Unterhaltung eines Computers wird relativ um so mehr Personal benötigt, je kleiner er ist. Selbstverständlich tragen die zunehmende Verwendung von Standardprogrammen und Programmbibliotheken sowie die automatische Programmierung, wobei die EDVA selbst einen Teil der Programmierung übernimmt, und die steigende Normung zu einer Personalverminderung bei. Außerdem ist die steigende Tendenz zur Datenfernverarbeitung (DFV) zu beachten, die gleichfalls ein personenminderndes Moment in dieses Problem hineinbringt.

28 Sonstiges

Zu diesen aufgezeigten Momenten kommen noch andere Umstände hinzu wie Finanzierung, Raumfragen, Ausfallrisiko, Anlaufschwierigkeiten, Beratung, Fixkostenbelastung bei Minderauslastung usw., die alle möglichst nicht übersehen oder unterschätzt werden sollten, um die „Redundanz" maximal einzuengen.

Die moderne und bedeutsame Kompatibilität in der hardware wie vor allem in der software der Computer-Serien oder Rechnerfamilien (RF) bedeutet für den Einsatz beim Klein- und Mittelbetrieb eine Erleichterung insofern, als er mit einer sehr kleinen DVA beginnen kann, die sich im Laufe der Zeit leicht mit dem Wachsen der Aufgaben des Betriebes oder Unternehmens ausbauen läßt. Die vorhandene Zentraleinheit (ZE) muß gegen ein etwas größeres Modell der gleichen Serie ausgetauscht werden, und periphere Einheiten (PE) können hinzugefügt werden. Alle bisher geschriebenen Programme können unverändert von der neuen Anlage übernommen werden. Die Anschaffung einer großen, zunächst noch gar nicht auszulastenden DVA würde gefährliche Schwierigkeiten bereiten.

29 Zusammenfassung der Kriterien

Nur eine exakte, alle Umstände erfassende Untersuchung, die schärfste Kalkulation der Kosten und die Gewichtung und Optimalisierung der Leistungen und damit die Sicherheit der kostendeckenden Auslastung (mehr als 50 Prozent der in der BRD installierten Computer gelten als wirtschaftlich nicht ausgenutzt und sind zudem dilettantisch organisiert) und das zweckmäßigste Organisationssystem können zu dem Ergebnis führen, ob, ab wann und in welchem Umfange das *interne Rechenzentrum* (RZ) in der Form *des Kleincomputers* vertretbar ist.

Dabei sofort in ein integriertes System einsteigen zu wollen wäre genauso verkehrt wie die Nichtbeachtung der Möglichkeiten einer EDVA. Selbstverständlich wird es richtig sein, klein anzufangen, Erfahrungen zu sammeln und erst im Laufe der Zeit den Integrationsgrad im wirtschaftlich und risikomäßig vertretbaren Rahmen zu erhöhen, d. h. „baukastenmäßig" allmählich zu einer funktionalen Integration zu kommen.

Manche Unternehmen werden aber mit einem eigenen Computer wirtschaftlich nicht zurechtkommen, wenn:

1. die *Installationskosten* höher werden als errechnet bzw. erwartet,

2. die Kosten für *Zusatzgeräte* wesentlich höher sind als geplant,

3. die Kompliziertheit der Anlage häufige und längere *Arbeitsunterbrechungen* verursacht,

4. die Anlage für alle möglichen *Arbeiten* verwendet wird, nur nicht für die, für welche sie vorgesehen war,

5. die *Personalkosten* gegenüber konventionellen Methoden nicht verringert werden können,

6. die Kosten des *Arbeitskräfteausfalls* während der Mitarbeiterschulung nicht berechnet worden sind und

7. die Kosten der *Anlaufzeit*, während der die laufenden Arbeiten der Datenerfassung (DE) und Datenverarbeitung (DV) gleichzeitig nach der konventionellen und nach der elektronischen Methode durchgeführt werden müssen, außerhalb der Kalkulation blieben.

Welche Gründe für einen Fehlschlag mit der DVA aber auch immer verantwortlich sein mögen, der entscheidende Fehler wurde stets bei der Voruntersuchung für den Einsatz der Anlage gemacht. Die Entscheidung, einen Betrieb und seine Organisation auf einen Computer umzustellen, ist weit schwieriger zu fällen als alle Investitionsentscheidungen vergleichbarer Art.

Die Schwierigkeiten lassen sich jedoch überwinden, wenn man die Entscheidung auf bewertbare *Kriterien* gründet. Diese sind in jedem Falle

1. die Wahrscheinlichkeit eines *optimalen Betriebsergebnisses* mit erhöhter Rentabilität,

2. die durch ihn zu erzielende *Erweiterung und Verbesserung der* unternehmerischen *Informationen* und

3. die durch den Computer erreichbare *Verminderung der Personalkosten.*

Die Eigenanlage ist bestimmt eine ideale Lösung vom organisatorischen Standpunkt aus, wobei sie folgende *Vorteile* bietet:

1. Die *Datenerfassung* (DE) erfolgt durch das eigene Personal, das alle Betriebsvorgänge im einzelnen kennt und entstandene Fehler unauffällig berichtigen kann.

2. Die *Datenverarbeitung* (DV) kann in der Terminplanung bei verspäteter Beleglieferung leicht korrigiert werden.

3. Die *Programmänderungen*, die eine Organisation immer mit sich bringt, können leicht und billig durchgeführt werden.

4. *Mengen- und Ausstattungskapazität* können nach den eigenen Bedürfnissen zugeschnitten werden.

Nachteile können in folgenden Tatsachen liegen:

1. *zusätzlicher Personalbedarf,*

2. *Raumbeanspruchungen, Ausbildungskosten,*

3. *Steigerung der Fixkosten,* die neben der Miete sehr beachtlich sein können, und

4. *Anlaufkosten* bis zur Vollauslastung.

Außer diesen rechenhaften Größen zählen auch *immaterielle Werte* als Vor- wie als Nachteile.

Als *Vorteile* sind zu nennen: Übersicht, Genauigkeit, Schnelligkeit, Gestaltung der Auswertung durch Verzicht auf Normalfälle und Beschränkung auf Ausnahmen, Straffung der Organisation, Hebung der Disziplin, Kapital- und Zinseinsparungen in der Lagerhaltung, bessere Dispositionen u. a. m.

Nachteile sind: Anstieg der fixen Verwaltungskosten, Starrheit des Systems, Komplizierung des organisatorischen Ablaufs, ständiger Einsatz eines qualifizierten Personals.

Diese Vor- und Nachteile können nur durch die Unternehmensführung selbst bewertet werden, was aber über das Rechenhafte hinausgehend zu einer positiven Einstellung zum Computer führen sollte.

Folgende *Forderungen* sind aufzustellen:

1. Möglichkeit einer *Leistung*, mit der man verschiedene Aufgaben in den Griff bekommt, z. B. in der Verwaltung neben der Fakturierung die Verkaufsanalyse, Lagerbestandsrechnung, Lohn- und

Gehaltsabrechnung, Investitionsplanung, Marktforschung, Fertigungsplanung, wobei die universelle Anlage, die die gestellten Aufgaben vielseitig löst, das Primäre, die hohen Geschwindigkeiten das Sekundäre sind,

2. einfache *Bedienung*, d. h. keine kostenspieligen Umbauten oder Klimaanlagen für die Aufstellung, keine teuren „Extras" oder zusätzliche Spezialitäten, die bis zu 30 000 DM im Jahr kosten können,

3. *Preiswürdigkeit*, also ein gesundes, vernünftiges Verhältnis zur Finanzkraft des Unternehmens,

4. *Vollständigkeit der Apparatur*,

5. *Betriebssicherheit* und Fehlerkorrekturmöglichkeiten,

6. saubere und klare *Berechnung der Einmal-* und *laufenden Kosten*,

7. mögliche *Stromersparnis* und

8. verfügbare *Standardprogramme und Bibliotheksroutinen* vom Hersteller.

Auf jeden Fall ist ein Computer ein sehr wirkungsvolles Werkzeug, dessen Wert im Anwendungsgeschick des unternehmenden Menschen liegt, wobei das Geschick beim Großunternehmen nicht notwendigerweise größer ist als beim Mittel- und Kleinunternehmen. Niemand hat ein Monopol zum Talent, sondern der Computer hilft allen, mehr Talent zu entwickeln.

3 Das Rechenzentrum

30 Vorbemerkungen

Die Wirtschaftlichkeit des Einsatzes eines eigenen Computers ist bei Betrieben in entsprechender Größenordnung und bei großem Datenvolumen unbestritten. Dem Klein- und Mittelbetrieb wird es aber nicht immer möglich sein, die notwendigen Mittel dafür aufzubringen. Selbst die neuen, relativ billigen und sehr leistungsfähigen Kleincomputer werden oft für ihn nicht wirtschaftlich nutzbar sein. Alle Überlegungen und Berechnungen über eine eigene Anlage in der Form eines Kleincomputers vermögen ihm als Benutzer oft keine positiven Ergebnisse zu zeigen. Aber der Weg zur gewünschten EDV möchte aus betriebsnotwendigen, organisatorischen und auch aus entwicklungsbedingten Gründen beschritten werden. Muß es dann durchaus eine eigene Anlage sein? In diesen Fällen wird das außerbetriebliche *Rechenzentrum* (RZ) nicht nur genügen, sondern auch bessere und wirtschaftlichere Lösungen dem Unternehmen anbieten. Es wird für den kleinen und mittleren Unternehmer, und aus anderen Motiven auch für das Großunternehmen, beachtenswert, vordringlich und wichtig. Für diese „Datenverarbeitung außer Haus" liegt als wesentliche Abhandlung die AWV-Schrift Nr. 246 vor.[11])

31 Aufgliederung

Hinsichtlich der Benutzungsformen dieser Dienstleistungsbetriebe gruppieren wir:

1. *Herstellergebundenes Rechenzentrum*, auch Servicebüro (SB) genannt,

---

[11]) AWV-Schrift Nr. 246: „Datenverarbeitung außer Haus." Forkel-Verlag, Stuttgart 1967.

60

2. *herstellerunabhängiges Rechenzentrum* oder Servicebüro,

3. *Gemeinschaftsanlage,*

4. *Verbundanlage,*

5. *Anlagenmitbenutzung,*

6. *Do-it-yourself-Methode und neue Varianten.*

Die Anzahl der herstellereigenen RZ in der BRD beläuft sich z. Z. (1968) auf etwa 50, von denen 24 der IBM gehören. An herstellerunabhängigen RZ mit geringen wie auch großen Maschinenaggregaten zählen wir in der BRD etwa 160. Ihren Kundendienst leisten beide Arten vorwiegend gegen Stundenbezahlung je nach benötigter Maschine und Maschinenkonfiguration. Vom Gesamtcomputereinsatz entfallen in der BRD etwa 8 — 10 Prozent auf diese RZ, in den USA dagegen 80 Prozent, in der Schweiz 25 Prozent.

32 Bestimmungsgründe für die Wahl

Bei einem notwendigen Verzicht auf eine eigene Rechenanlage hat also das Unternehmen an die Datenverarbeitung außer Haus (DVaH) in der Form der Inanspruchnahme eines Dienstleistungsbetriebes zu denken, oder es muß ggf. Wege zu einer kooperativen Form finden. Für diese Wahl-Situation liegen sechs *Bestimmungsgründe* zur Diskussion vor:

1. Der *Preis* für eine eigene Anlage ist zu hoch, da nur kleinere Arbeiten im kommerziellen Bereich gewünscht werden.

2. Die *Kapazität* der eigenen Anlage ist qualitativ und quantitativ unzureichend.

3. Es sind *Arbeitsspitzen* und *Terminballungen* gegeben.

4. Die *Servicebüro-Kosten* sind geringer als die Gesamtkosten für eine eigene Anlage.

5. Bei der Vorbereitung einer eigenen DV-Organisation ist die *Vorhilfe* und *Vorarbeit* eines Servicebüros zweckmäßig.

6. Das Unternehmen verfügt über keine *Datenverarbeitungsfachleute* (Organisatoren und Programmierer).

Die Beurteilung in dieser Situation muß durch eine Wirtschaftlich-
keitsuntersuchung vorbereitet werden. Dabei ist nochmals die Prü-
fung und Entscheidung vorzunehmen, ob ein herstellergebundenes
Servicebüro oder ein herstellerunabhängiger Dienstleistungsbetrieb
aufzusuchen, eine Gemeinschafts- oder Verbundanlage zu betreiben
oder eine andere Variante zu wählen ist.

33 Betriebliche Entscheidungskriterien

330 Raum- und Zeitfragen

Die Möglichkeiten für geeignete Räume zu einer Computerinstallie-
rung und für deren entsprechende Vorbereitungen können oft gar
nicht oder nur unter großen Erschwernissen mit unverträglich hohen
Kosten gegeben sein, während ein modernes Servicebüro (SB) sich
in leicht erreichbarer Nähe befindet. Dadurch können Transport-
und Zeitkosten eingespart werden. Der Zeitgewinn ist auch darin ein
wichtiger Faktor, daß mit dem Einsatz eines SB termingerecht die
vorgenommene Planung und Arbeit der EDV anlaufen kann. Damit
allein können ggf. höhere Programm-Erstellungskosten mehr als
wettgemacht werden.

331 Personalproblem

Der Mangel an guten Programmierern mit EDV-Erfahrungen, an Organisatoren und auch an Loch-, Prüf- und Wartungspersonal ist z. Z.
noch ein Engpaß. Vielfache Anzeigen und fünfstellige Ausbildungskosten, die notwendig sind, um zu geeigneten und erfahrenen DV-
Fachleuten zu kommen, verursachen ein zu kostspieliges und dazu
noch unzuverlässiges Verfahren, da auf diesem Berufsmarkt die Abwerbungen gang und gäbe sind. Erfahrungen haben gezeigt, daß
(neben den Ausbildungskosten) die Arbeitsplatzkosten eines Pro-
grammierers rund dem doppelten Gehalt entsprechen. Die Preisdiffe-

renz zwischen eigener und fremder Programmierung liegt etwa zwischen 30 und 40 Prozent zugunsten des Rechenzentrums (RZ). Das Personalproblem ist im allgemeinen im externen RZ besser gelöst.

332 Termine

Ein SB ist zur termingerechten Ablieferung eines Programmes gezwungen. Seine Arbeitsorganisation und sein Maschineneinsatz sind von vornherein so aufgezogen, daß die Termintreue gegenüber dem Kunden sein wesentliches und bezeichnendes Attribut ist. Beim eigenen Personal ist oft ein gewisses „Geschäftsinteresse" ein Grund für verspätete Termine, ganz abgesehen von Anlaufschwierigkeiten und notwendigen Arbeits- und Personalumstellungen.

333 Geheimhaltung

Diese Frage wird unberechtigterweise hochgespielt; es wird ihr viel zu große Bedeutung beigemessen. Einmal ist das SB vertraglich verpflichtet, über alle ihm zur Kenntnis gelangenden Geschäftsvorfälle strengstes Stillschweigen zu bewahren, zweitens kann durch fingierte Testdaten eine weitgehende Absicherung gegen Indiskretionen erzielt werden, drittens arbeiten die Kunden mit dem SB oft unter Kennziffern, und viertens stellt sich das Problem auch beim Einsatz des eigenen Personals, es sei denn, die Kunden verlangen die Auswertung mit ihren firmeneigenen Formularköpfen.

334 Erfahrung

Ein SB liefert seinem Kunden die Programmiererfahrung seines Systems. Es ist auch verpflichtet, Änderungen erstellter Programme durchzuführen. Wenn die Systemanalyse genau detailliert erfolgt ist, so daß dem SB klare und aussagefähige Unterlagen in die Hand gegeben werden können, ist die Programmierung im SB in den meisten Fällen viel weniger problematisch als beim Einsatz eigenen Personals.

34 Herstellergebundenes Rechenzentrum

340 Dienstleistungsarten

Soweit das externe RZ im *konventionellen System*, d. h. im *Lochkartenverfahren* (LKV), betrieben wird, gibt es keine Stundensätze, sondern Kostenverrechnungen. In der Regel werden Verarbeitungspreise je 1000 Lochkarten berechnet, bei der Lohnabrechnung auch je Mann. Das RZ nimmt eine Ablaufzeichnung zuzüglich Entwicklung der Formulare und Einrichtung der Lochkarten vor, wobei die Abhängigkeit von den Maschinen eine Rolle spielt. Loch- und Prüfgeräte werden nach Anzahl der Anschläge berechnet, wobei die Art der Belege, ob Handschrift oder Maschinenschrift, ob gut lesbar oder in mangelhaftem Zustand, ins Gewicht fällt. Die Kosten z. B. für die Sortiermaschine orientieren sich nach der Anzahl der Sortierbegriffe, nach Sortierzeit und einem gewissen Stundensatz. Bei der Tabelliermaschine rechnen die angefallene Zeit und die Anzahl der Lochkarten zuzüglich der Rüst- und Testzeit, wobei hier die Anzahl keine Rolle spielt. Man kann als Durchschnitt etwa 14 DM Stundensatz für die Sortiermaschine und etwa 50 DM für die Tabelliermaschine annehmen. RZ im LKV sind im Ausgehen.

Im Rechenzentrum auf *elektronischer Basis* wird ebenso nach Stunden der Maschinenbelegung gerechnet wie nach Kostenfestlegung auf die Auswertung, wobei eine Relation zum kalkulatorischen Stundensatz besteht. Hierbei unterscheiden wir fünf Formen:

(1) Der *Kunde leistet alle Vorarbeit,* indem er die Daten liefert, die Programme erstellt, die Formulare entwirft usw. Die technische Vorarbeit zur Umstellung auf die Datenverarbeitung (DV), die Datenerfassung (DE) und alle Auswertungen werden durch den Kunden erbracht. Nach Vereinbarung der Termine wird die erforderliche Maschinenleistung vom Hersteller durchgeführt. Es handelt sich also um einen *Serviceauftrag.* Bei Benutzung eines kompletten Systems, z. B. IBM/360/20 mit 16 000 Kernspeicherstellen, einem Drucker, einer Mehrfunktions-Karteneinheit, der Beschriftung mit zwei Schreibköpfen und zusätz-

lichem Leser, entsteht bis zu acht Stunden monatlich ein Betrag von 266 DM je Stunde, der auf 213 DM je Stunde bei über 100 Stunden Benutzung fällt. Man kann sagen: Unterhalb von etwa 100 Arbeitsstunden im Monat schneidet das RZ i. a. besser ab als die eigene Anlage, soweit das Transportproblem keine Schwierigkeiten macht.

(2) Der *Hersteller leistet alle Vorarbeit,* d. h. er übernimmt alle Verantwortung, die organisatorische Beratung, den Entwurf der Programme, die Personalgestellung und Zeitdispositionen. Der dabei erfolgte Abschluß wird als *Teilbenutzungsvertrag* bezeichnet. Die Preise liegen hier wie im LKV und werden berechnet je 1000 Lochkarten, je Lochstreifen, je Bandsatz, je Plattensatz. Statt z. B. 240 DM Stundensatz bei Inanspruchnahme von monatlich 50 Stunden entsteht hier ein Betrag von 333 DM je Stunde. Wenn also der Kunde die Programmierung und sonstige Vorarbeit selbst durchführt, werden die Stunden im RZ für ihn billiger.

(3) Beim *kundenverantwortlichen Systembenutzungs-Vertrag* erhält der Kunde für eine vereinbarte Zeit das exklusive Benutzungsrecht an dem gesamten System, so daß er über die maximale Kapazität eines bestimmten, von ihm gewählten Systems oder mehrerer Systeme oder sogar mehrerer RZ verfügen kann. Er übernimmt die Programm- und Ausführungsverantwortung, vor allem während der Einrichtungszeit, und arbeitet mit eigenem Personal (Miete von „blocktime"). Die Preise liegen hier bei 325 DM bis 3000 DM, je nach Maschinenkonfiguration.

(4) Mit *herstellerverantwortlichem Service* ist die Regel. Dabei übernimmt der Hersteller alle Verantwortung vom Eingang der Belege, der Lochkarten usw. bis zur Ablieferung der Auswertungen. Diese Form wird meist von kleineren Firmen in Anspruch genommen, die sich die hohen Kosten der Planungs- und Programmierinvestition nicht gestatten können.

(5) Die Übergänge sind bei den genannten Kategorien fließend, und es kommt je nach Fall zu Kombinationen der vorgenannten vier Realisierungsmöglichkeiten einer DV außer Haus.

Das herstellereigene RZ kann dabei unterscheiden:

1. *alte Kunden,* d. h. solche mit eigener Anlage, denen es die Arbeitsspitzen abnimmt,

2. *neue Kunden,* denen es Umstellungshilfe und Teststunden gewährt, und

3. *Interessenten,* die durch Übernahme ihrer Arbeiten an die Lochkarte und sonstige Datenträger gewöhnt werden sollen.

341 Kostengestaltung

Der Stundenpreis eines mittelgroßen Datenverarbeitungssystems kann je nach der Ausrüstung zwischen 150 DM und 800 DM einschließlich der Rüstzeiten betragen. Großrechenanlagen, wie die CD 6600, EL 8, IBM 7090, die UNIVAC 1108/MP und andere, kosten je Stunde 3000 DM und mehr. Um über 30 Prozent reduzierte Preise werden in der Regel gewährt, wenn der Rechenzentrumsbenutzer die Maschinenbedienung selbst übernimmt. Ist mit einer größeren Zahl von Benutzungsstunden oder einer ständigen Wiederholung der Arbeit zu rechnen, wird es zweckmäßig sein, einen sog. *Blockzeitvertrag* abzuschließen. Das RZ gewährt in einem solchen Vertrag, der die regelmäßige monatliche Inanspruchnahme einer bestimmten Stundenzahl durch eigene Fachkräfte zum Gegenstand hat, einen Rabatt, der bis zu 50 Prozent des Normalpreises gehen kann. Zu den reinen Maschinenbenutzungspreisen sind in jedem Fall aber noch die Materialkosten für Lochkarten (LK), Lochstreifen (LS), Magnetbänder (MB) und Endlosformulare hinzuzurechnen. Bei Verwendung von Standardprogrammen, z. B. für die Nettolohnabrechnung, werden z. B. 30 DM je Abrechnung und eine Grundgebühr von 110 DM angesetzt. Für die Mandantenbuchhaltung von Steuerberatern werden im allgemeinen 0,05 bis 0,15 DM je Haben- oder Soll-Buchungszeile berechnet. Die Ausführungen von 1000 Daueraufträgen für Kreditinstitute kosten im sog. Zwei-Karten-Verfahren etwa 50 DM, für Zinsstaffeln entfallen 0,025 DM auf jeden Posten. Die Kosten eines Buchungspostens können im Laufe kurzer Zeit auf unter 5 Pfennig gesenkt werden. Es gibt aber auch die Basis mit

150 bis 300 DM einmalige Programmierungsgebühr und mit 1 DM
für jede Abrechnung, einschließlich der Folgearbeiten, z. B. bei der
Gehaltsberechnung, bei der Fakturierung u. ä.

342 Grenzlage

Stellt man die vorstehenden Preise den Kosten für eine eigene Anlage gegenüber, so scheint die DV außer Haus in jedem Fall der eigenen Anlage überlegen zu sein. Aber so ist es nicht ganz; denn

1. erhöht schon der Wunsch nach wöchentlichen Ergebnissen für
   einzelne der angesprochenen Arbeiten die Kosten für die Durchführung mit dem RZ um 10 Prozent bis 25 Prozent (Rüstzeiten,
   Mindermengen und dgl.) und

2. gibt es im Zusammenhang mit den erwähnten Sachgebieten durchaus auch Arbeiten, die man gern selbständig zu erledigen wünscht.

Für die eigene Anlage ist immer dann zu plädieren, wenn die Nut-
zungsdifferenz nur klein ist oder inzwischen klein wurde, und auch
dann, wenn andere erstellbare Nutzungseffekte die Nutzungsdiffe-
renz amortisieren. Das RZ sollte immer aber dann eingeschaltet
werden, wenn man eine eigene Anlage nicht ausnutzen kann, wobei
unter einer eigenen Anlage eine EDVA zu verstehen ist. Die auf dem
Markt befindlichen Kleincomputer können oft nicht als vergleich-
bare Anlage angesehen werden, da ihnen meistens die Fähigkeit ab-
geht, Daten in dem zu fordernden Maße zu ordnen und zu speichern.

Die Einschaltung des RZ bietet dem DV-Neuling wiederum einen
kaum abschätzbaren Vorteil dadurch, daß er nur die in Auftrag
gegebene Arbeit bezahlt. Gleichzeitig sammeln er und seine Mitarbeiter wertvolle Erfahrungen, die es ihnen ermöglichen, die ggf.
später zu mietende eigene Anlage besser beurteilen zu können und
sie von vornherein zweckmäßig zu nutzen. Wie teuer zu sammelnde
Erfahrungen werden, wenn die Anlage schon vorher im Hause steht,
haben viele Beispiele bedauerlicherweise ausreichend bewiesen.

35 Herstellerunabhängiges Rechenzentrum

350 Marktlage und Organisation

Auf dem Gebiet der *herstellerunabhängigen Rechenzentren* (RZ) besteht eine Vielfalt von Erscheinungsformen. In ihrer Mehrzahl sind sie erwerbswirtschaftlich orientiert, weit verbreitet, umfassen LKV wie EDV, unterscheiden sich hinsichtlich Qualität, Preis und Universalität, beraten in der Organisation und Formulargestaltung, erstellen Programme und übernehmen Testläufe. Diese Dienstleistungs- bzw. Lohnbetriebe haben Einzelpersonen wie Gesellschaften und Verbände als Eigentümer. Die Aufträge ihrer Benutzer werden gegen Nutzungsbeitrag auf der Grundlage von Stundensätzen oder Maschinenbelegung durchgeführt. Ihre Anzahl ist im Wachsen, und zwar aus zwei Gründen:

1. Nur einzelne Hersteller pflegen die Installierung von eigenen Servicebüros (SB); einige haben sich sogar von diesen Dienstleistungsbetrieben zurückgezogen.

2. Die in Punkt 36 zu behandelnden Gemeinschaftsanlagen tendieren zum SB; denn sie sind — schon aus Kostengründen — meist darauf aus, nicht nur für die vertraglichen Stammteilnehmer, sondern auch für andere Firmen gegen Entgelt zu arbeiten.

Die Zusammenarbeit mit einem SB ist aus vier Gründen interessant:

1. Der Kunde kann sein Personalproblem lösen und von der Erfahrung der Mitarbeiter des RZ profitieren.

2. Die Zusammenarbeit befreit von Investitionen und gibt dennoch die Möglichkeit, jegliche Art von Problemen mit einer EDVA zu lösen.

3. Es entstehen keinerlei Zinskosten und Abschreibungen für eine EDVA.

4. Es wird in jedem Fall nur die effektive produktive Leistung bezahlt.

Wenn also bei diesen privaten Erwerbsfirmen im Prinzip auch dieselben Betrachtungen und Überlegungen anzustellen sind wie bei den Hersteller-RZ, so sind vor einer Entscheidung unbedingt eine Reihe von Fragen zu klären, um Enttäuschungen und Fehlergebnisse zu vermeiden. Hierher gehören u. a.:

1. Wer ist für die notwendigen organisatorischen Vorarbeiten zuständig und verantwortlich?

2. Wie wird die Datenerfassung gelöst?

3. Wer ist für die Richtigkeit der Eingabedaten verantwortlich?

4. Wer vertritt die Ordnungsmäßigkeit der Arbeitsweise und der Ergebnisse?

5. Wer trägt die Kosten der Programmierung (die meist von Mitarbeitern der RZ durchgeführt werden)?

6. Wie werden die Kosten der Programmierung veranschlagt (festes Limit, nach Zeitbedarf)?

7. Wem gehören die Programme nach Kündigung des Vertrages?

8. Wie wird die Bearbeitung selbst berechnet?
    a) Nach Maschinenstunden, wobei die Qualität der Programmierung bedeutsam ist,
    b) nach bearbeiteten Einzelfällen, z. B. Ausgangsrechnungsanzahl oder Positionsanzahl,
    c) nach Pauschalierung?

9. Wer trägt die Kosten von nachträglichen Umstellungen?
    a) Beim Kunden und
    b) im SB (z. B. neue Anlage oder andere periphere Geräte)?

Während die laufende Abwicklung zwischen Betrieb und SB kaum Schwierigkeiten mit sich bringen sollte, ist die grundlegende Art der Programmierung oft problematisch, weil das SB verständlicherweise bemüht ist, die Programme einheitlich zu gestalten. Dabei können

jedoch wichtige, betriebsindividuelle Erfordernisse unberücksichtigt
bleiben. Es empfiehlt sich daher, bei kleinen, wenig leistungsfähigen
RZ einen Berater einzuschalten, um eine betriebswirtschaftlich und
organisatorisch richtige Programmierung zu erzielen. Die Kontakter
zwischen Kunden und SB zur Abklärung der Betriebszahlen und zur
Skizzierung der Lösungen sollten vorteilhaft auf der Stufe Abtei-
lungsleiter und Sachbearbeiter der SB erfolgen. Vor dem Abschluß
lasse man sich den verantwortlichen Organisator, den Programmierer und den Chef-Operator vorstellen, wobei man sich über die Erfahrungen der einzelnen Herren zu informieren hat. Verlangen Sie
auch eine Aufzählung der RZ-Benutzer, und ziehen Sie auch dort
Erkundigungen ein!

351 Kosten und Nutzung

Selbstverständlich differieren die Benutzungspreise in den privaten SB je nach Art und Größe der Maschinenaggregate der RZ und
nach Art und Umfang der übertragenen Aufgaben. Die Stundensätze
liegen demnach in der Regel bei 150 DM bis 3000 DM und auch
mehr, je nach Benutzung der Maschinen. Die Kosten sind eigentlich
stets nur den Leistungen der Maschine entsprechend, und die Pro-
grammierkosten werden gesondert und anteilig erhoben. Man muß
sich aber darüber klar sein, daß es heute technisch nicht immer möglich ist, vom SB Ergebnisse sofort nach Übergabe der Eingangsdaten
zu erhalten; es werden i. d. R. 24 Stunden für die Bearbeitung benötigt. Dem Verfasser sind aber auch Fälle bekannt, in denen beispielsweise der Datenträger um 12.30 Uhr abgeholt und die Auswertung
bereits um 15 Uhr vorgelegt worden ist. Dabei ist es wichtig zu wissen, ob eine Ausweichanlage benutzt werden kann, um Maschinen-
ausfälle zu überbrücken. Die technische Erstellung der Auswertungen spielt kaum eine Rolle, wohl aber die Tatsache, daß der Kunde
seine Arbeiten preisgünstig, richtig und termingemäß erhält.

Die Inanspruchnahme eines SB bringt dem Kunden eine Anzahl
wichtiger Vorteile. Zunächst werden die fixen Kosten der EDV-Ein-
führung weitgehend, wenn auch nicht ganz, durch proportionale Ko-

sten ersetzt. Man braucht nur den Anteil an der Anlage zu bezahlen, den man wirklich minutenmäßig benutzt. In einem SB mit einer Großanlage (oder einem kombinierten System) kann man alle damit verbundenen Vorteile ausnutzen. Auf diese Weise gelangt man rasch zu Ergebnissen, hat komplexe Organisations-, Programmier- und Berechnungsmöglichkeiten und kann ggf. das Fachpersonal des RZ für Spezialfragen einsetzen. Mit verhältnismäßig geringen proportionalen Kosten lassen sich also Spezialprobleme und einmalige Sonderaufgaben in kurzer Zeit lösen. Zudem gewährt das RZ Unterstützung bei der Verwaltung und gibt laufend organisatorische Beratung.

Die Rechenzentren können durchaus kostengünstig arbeiten. Ihre relativ großen Maschinen werden durch eine ausgefeilte „Produktionsplanung" voll ausgelastet. Ein Rechner, der doppelt soviel wie ein anderer kostet, liefert aber die 4fache Leistung.

Ein weiterer Nutzen, insbesondere gegenüber einer Gemeinschaftsanlage, besteht im geringen Risiko des Engagements und in der Befreiung von Kapitalverpflichtungen, Verantwortungen und Ärgernissen. Die starke Konkurrenz der RZ gestattet dem Benutzer schließlich, jederzeit „umzusteigen".

Außerdem sind die freien RZ in der Lage, Gutachten über die Zweckmäßigkeit des Einsatzes einer eigenen Anlage zu erstellen; denn von diesen Unternehmen wird der Gedanke der DV forciert, ohne daß sie selbst am Verkauf oder an der Vermietung solcher Anlagen interessiert sind.

Das RZ selbst hat sich mit vier Kriterien auseinanderzusetzen, um für seinen gedachten Zweck zur optimalen Lösung zu kommen, die aber gleichzeitig auch für den Benutzer ein Kalkül darstellen:

1. Je *größer* (und damit teurer) die Anlage ist, desto kostengünstiger sind die Leistungseinheiten, was sich für den Kunden vorteilhaft auswirken sollte.

2. Je *kleiner* (und damit billiger) die Anlage ist, desto leichter ist die Vollausnützung zu Optimalkosten.

3. Je *älter* (nach ihrem Erscheinen) die Anlage ist, um so weniger Rechenoperationen (RO) führt sie im Vergleich zu einem neueren System durch.

4. Je *flexibler* die Anlage ist, desto individueller sind die Kundenbedienungsmöglichkeiten.

Wenn diese vier Kriterien auch Selbstverständlichkeiten zu sein scheinen, sollte sie sich der Kunde eines RZ in seinem eigenen Interesse vor Augen halten, bevor er sich einem bestimmten RZ anvertraut.

36 Gemeinschaftsanlage

360 Bildung eines kooperativen Rechenzentrums

Gemeinschaftliche DV ist ein Weg der Kooperation im Bereich der Unternehmensverwaltung, wenn es dabei weder zu einer Termin- noch zu einer Interessenkollision kommen kann. Die Schwierigkeiten, die diesen wirtschaftlichen Weg kennzeichnen, dürfen keineswegs bagatellisiert werden. Wo aber die Initiative ergriffen wird, die menschlich-psychologischen Probleme überwunden werden und die Kompetenzgrenzen keine Hemmnisse darstellen, lassen sich klare und eindeutige Erfolge erreichen. Das ist ausgesprochen dort der Fall, wo es sich um geographische Randlagen handelt.

Zwei, drei oder mehrere Unternehmen gleicher (horizontale Interessengemeinschaft) oder verschiedener (vertikale Interessengemeinschaft) Branche gründen eine Gesellschaft des bürgerlichen Rechts, die keine Kapitaleinlage benötigt, wie eine Genossenschaft für ihre Mitglieder arbeitet und die Funktion des RZ übernimmt. Diese Gesellschaft, die in eine GmbH, AG u. ä. übergeleitet werden kann, kauft oder mietet die Anlage und betreibt sie selbst, hat ihr eigenes Personal und stellte ihre Dienste den Gesellschaftern, also den beteiligten Unternehmen, auf Selbstkostenbasis zur Verfügung, d. h., die anfallenden Einrichtungs- und Betriebskosten werden auf die

Partner aufgeschlüsselt (die vorläufigen Stammkostenanteile) oder nach den in Anspruch zu nehmenden bzw. genommenen Benutzungsstunden umgelegt. Sollte sich bei der praktischen Durchführung der Arbeiten eine Verschiebung des Stammkostenanteils ergeben, so wird jeder Gesellschafter mit der effektiven Benutzungszeit belastet.

Weitere Voraussetzungen zur *Bildung* dieser RZ sind:

1. eine *verkehrsgünstige Lage* für die Teilnehmer (15 bis 20 km Entfernung, evtl. auch mehr, mit Kurierdienst auch bis 120 km),

2. eine *gemeinsame Organisationsplanung* (Branchengleichheit erleichtert das) hinsichtlich der Datenerfassung (DE), der zu verwendenden Formulare, der internen Organisation, der Datenträger (DT) usw.,

3. *Aufeinanderabstimmen* der erforderlichen Termine und

4. das *Fehlen* von jeglicher Gewinnabsicht.

361 Voraussetzungen der Zusammenarbeit

Die Gemeinschaft muß vom einzelnen Gesellschafter verlangen, daß er

1. seine *Umstellungsarbeiten* termingerecht und sorgfältig ausführt,

2. qualifizierte *Mitarbeiter* gewinnt und die Zuständigkeiten regelt,

3. den *Datenträger*-Stoff einwandfrei erstellt und damit die generelle Voraussetzung für die richtige DV auf den Maschinen schafft,

4. für die *Einhaltung der geplanten Termine* im Interesse aller übrigen Teilnehmer sorgt,

5. für das Arbeiten in gewissen festgelegten Zeiten *Verständnis* zeigt und

6. zum überbetrieblichen *Erfahrungsaustausch* bereit ist.

Nur eine reibungslose Arbeitsweise der Gemeinschaft gewährleistet, daß die teure Maschinenkapazität für alle Beteiligten optimal (und damit kostensparend) ausgenutzt wird. Das verlangt von den Firmen, die — wie bereits gesagt — nach Möglichkeit verschiedenen Branchen angehören sollten, Einigkeit, eine gute Organisation, genaue Terminfestlegungen, eindeutige Kündigungsfristen und erfahrene Programmierer als unbedingte Erfordernisse. Die vertragliche Festlegung wird für den Betrieb eine notwendige Voraussetzung sein, um der Gemeinschaft verständnisvolle Mit- und Zusammenarbeit zu verbürgen.

Da die Hersteller von DVA erfahrungsgemäß aus zeitlichen oder kalkulatorischen Gründen nicht daran interessiert sind, die umfangreiche Umstellung mehrerer Mittel- oder Kleinbetriebe für eine einzige Anlage durchzuführen und auch noch die einzelnen Partner vertrags- und arbeitsrechtlich zu koordinieren, erscheint es zweckmäßig, diese Aufgabe neutralen Beratern zu übertragen.

362 Kostendeckung

Wenn auch der Aufbau der Kosten im wesentlichen der gleiche ist wie bei der eigenen Anlage, so liegt der Gesamtbetrag durch die vielseitigen juristischen und organisatorischen Belastungen durchweg höher als bei der eigenen Anlage. Die Kosten sind auf die Zahl der Unternehmungen aufzuteilen. Als einmalige *Anlaufkosten* werden alle Aufwendungen verstanden, die bis zur Inbetriebnahme der Gemeinschaftsanlage entstehen, und zwar für die Aufstellung der Maschinen, für Raum-, Strom-, Telefon- und Personalkosten sowie für diejenigen Kosten, die für die Gründungsvorbereitungen für die Betriebsgesellschaft sowie zur Inbetriebnahme der Anlage aufgebracht werden müssen. Als *Arbeitskosten* werden alle Aufwendungen bezeichnet, die der Gesellschaft nach Inbetriebnahme der Anlage aus den Mietkosten sowie den Personal- und Sachkosten entstehen.

Die einmaligen Kosten sollen von den Gesellschaftern im Verhältnis der voraussichtlichen Inanspruchnahme der Anlage aufgebracht und nach einigen Arbeitsjahren entsprechend dem Umfang der tatsächlichen Benutzung der Einrichtungen der Gesellschaft durch die einzelnen Gesellschafter in diesem Zeitraum abgerechnet werden. Für die Arbeitskosten kann eine Abrechnung am Ende eines jeden Geschäftsjahres entsprechend der tatsächlichen Inanspruchnahme der Anlage vorgesehen werden. Auf diese Arbeitskosten wäre von jedem Gesellschafter ein Vorschuß zu leisten, der von der Zahl der Soll-Stunden abhängig ist, festgelegt nach dem voraussichtlichen Arbeitsanfall. Aus der Summe der Soll-Stunden, die alle Gesellschafter vorplanen, und dem vierteljährlichen Kostenbudget wird ein Stundensatz errechnet, den die Gesellschafter für jede Soll-Stunde zu zahlen haben. Dieser Stundensatz wird vierteljährlich überprüft und ggf. nach Maßgabe der Arbeitskostenentwicklung und der Anzahl der zu erwartenden Ist-Stunden korrigiert. Zur Erhaltung der Liquidität der Gesellschaft empfiehlt es sich, die Gesellschafter zu einem Dauer-Barvorschuß zu verpflichten, dessen Höhe die Gesellschafter zu beschließen haben und der im Rahmen der anfallenden Arbeitskosten eines Monats als ausreichend angesehen werden kann.

Um die Kosten der Gesellschafter gering zu halten, wird vorzusehen sein, auch Lohnarbeiten für nicht der Gesellschaft gehörende Unternehmen zu übernehmen, sofern und solange der Kapazitätsbedarf der Gesellschafter dadurch nicht beeinflußt wird. Da eine Gemeinschaftsanlage nicht beabsichtigt, einen Gewinn zu erzielen, werden die Benutzerentgelte in der Höhe vergleichbarer SB festgelegt, evtl. mit einem Zuschlag zur Abdeckung der einmaligen Anlaufkosten. Die freien Kapazitäten können extern in zwei Formen ausgegeben werden:

1. als reine Rechenzeiten zur Verfügung des Fremdbenutzers und

2. als zusätzlicher Kooperationsvertrag, bei dem die personelle und sachliche Unterstützung, Schutz vor plötzlicher Kündigung, Kostensatz, Benutzungszeit usw. mit der Gemeinschaft geregelt sein muß.

363 Gegenüberstellung der Vor- und Nachteile

Wie bei jeder Art der Kooperation stehen sich Vor- und Nachteile gegenüber.

Durch die Gemeinschaftsanlage steht jedem Beteiligten zunächst einmal eine besser ausgerüstete, vielseitigere Anlage zur Verfügung, als er sie sich allein „leisten" könnte. Weitere *Vorteile* liegen in der größeren Intensität der DV und der Datenauswertung, in der größeren Schnelligkeit der Bearbeitung, in der größeren Wirtschaftlichkeit im Hinblick auf den Daten- und Informationsanfall und dessen Bearbeitung, in der Ausnutzung der Standardisierung oder der von „Baukastenmodellen" und in den Vorteilen von Mechanisierung und Automatisierung.

Bei Betrieben gleicher Branche bestehen im wesentlichen die gleichen Betriebsprobleme, so daß die Kosten für die Organisation und Programmierung nur einmal auszugeben sind, vorausgesetzt, daß bei der Programmierung genügend Spielraum gelassen wird für die trotzdem bestehenden Unterschiede der Betriebe, z. B. durch Größe, durch Nebenbetriebe, durch Import- und Exportgeschäft u. ä. Ohne Zweifel bietet eine branchenorientierte Gemeinschaftsanlage eine Reihe von Vorteilen: Spezialisierung des Personals, Standard-Organisation, Standard-Programme, Standard-Verarbeitung, Kostendegression, kurze Umstell- und Rüstzeiten.

Als *Nachteile* bei gleichartigen Betrieben steht die Termingleichheit im Vordergrund, wodurch eine Überbelastung zu bestimmten Zeiten einer Nicht-Auslastung in den Leerzeiten gegenübersteht, sofern nicht ein flexibles Großrechenzentrum besteht. Die entstehenden Verluste müssen die Partner anteilig tragen. SB wenden sich daher verschiedenen Branchen zu, um eine optimale Auslastung zu erreichen. Firmen gleicher Branche scheuen sich auch oft, betriebsinternes Zahlenmaterial dem Mitbenutzer und gleichzeitig Konkurrenten zur Kenntnis zu bringen. Firmen unterschiedlicher Größenordnung haben einen unterschiedlich großen Bedarf an Kapazität. Ein Partner nimmt dann sehr schnell die dominierende Stellung ein, und die anderen Partner sind durchweg von der Zusammenarbeit enttäuscht.

Weitere Nachteile zeigen sich, wenn zu viele Informationen geliefert werden, die nicht ausreichend oder überhaupt nicht bearbeitet werden können, aber auch nicht notwendig sind, und wenn die notwendigen Standards und Programme zu starr und als Grundlage für

Unternehmensentscheidungen zu wenig flexibel sind, so daß die Vorteile der Beweglichkeit der Mittel- und Kleinbetriebe für sie aufgehoben werden. Die Trennung zwischen dem Entstehen der Daten im Unternehmen und ihrer Bearbeitung „außer Haus" birgt auch Gefahren in sich. Vor allem ist bei zu großer räumlicher Entfernung die Übermittlung der Unterlagen mit Schwierigkeiten verbunden. Es ist also durchaus möglich, daß die „Kosten" für diese Form der „Verwaltung außer Haus" im Vergleich zum erzielten Effekt über Gebühr hoch werden. Der Grenznutzen muß immer über der Nullbasis liegen.

Schließlich ist noch zu beachten, daß der Kostenanfall bei der Gemeinschaftsanlage im Anfang sehr hoch ist. Die noch geringe Dichte der auf Elektronik umgestellten Unternehmen sowie der noch schlecht funktionierende Verbund wirken gleichfalls kostenerhöhend. Es ist aber als sicher anzunehmen, daß das Prinzip sinkender Kosten bei höherer Anwendungsdichte zukünftig stärker wirksam werden wird.

Grundsätzlich müssen die Vorteile und Nachteile für jeden Einzelfall sehr genau gegeneinander abgewogen werden. Dabei ergibt sich immer die Chance, eine Reihe von Nachteilen vermeiden bzw. gegebene Vorteile besser nutzen zu können.

Ein besonderer Umstand ist die Aufstellung der Anlage bei einem der Teilhaber. Dabei besteht die Gefahr, daß er die Mitteilhaber lediglich als Gäste auf „seiner" Anlage betrachtet, und zwar als zahlende Gäste, die in der Benutzung der Anlage aber als zweitrangig behandelt werden. Darum ist im Interesse einer isolierten Kostenerfassung wie auch zum Zweck einer neutralen Verteilung der Benutzungszeit ohne Zweifel die juristische und lokale Verselbständigung einer Anlage immer das richtige und bessere. Wenn auch die Kosten für die Organisation und Programmierung im allgemeinen nur einmal erscheinen und die Verbilligung im gesamten offenbar ist, sollten die Benutzungszeiten und die Aufgabenzwecke vertraglich genau fixiert werden.

37 Verbundanlagen

Verbundanlagen, bei denen die Benutzer Ein- und Ausgabegeräte im eigenen Betrieb haben und mit dem zentralen Rechner über Telefon verbunden sind, laufen auf das sog. *time-sharing* hinaus. Das bedeutet, daß an entsprechend eingerichtete RZ mit Großrechenanlagen zahlreiche Kunden über Fernleitung angeschlossen sind. Ihre Programme liegen vor, werden vom Kunden angewählt und mit den zusätzlichen durchgegebenen Bewegungsdaten abgewickelt. Die Ergebnisse werden sofort über Fernleitung zurückgegeben und beim Kunden ausgedruckt. Die Benutzerkosten dieser Anlagen liegen durchschnittlich 10 bis 15 Prozent unter den Kosten der SB. Die einzelnen Gesellschafter erstellen ihre Datenträger selbst. Grundsätzlich erhalten die Betriebe ein Loch- und ein Prüfgerät, so daß z. B. das Kartenmaterial beim Gesellschafter gelocht und geprüft wird.

Die Verwirklichung dieser Verbundanlagen bereitet gewisse Schwierigkeiten, da wegen der vollautomatischen Bearbeitung bei gemieteter Zeit für die Teilnehmer eine Einteilung in Dringlichkeitsstufen für vorrangige Abfertigung vorzusehen ist. Die Vorteile für den größeren Betrieb mit eigener EDVA sind — neben der allgemeinen Tendenz, Kosten absolut zu senken — offensichtlich: volle Kapazitätsausnutzung, Möglichkeit zu größeren Maschinenaggregaten, rationelle Abwicklung der eigenen Arbeiten und genaue Verplanung von Zeit und Arbeit im RZ.

Diese Methode wird neuerdings von der IBM und BGE mit Erfolg forciert als sog. „Computerleistung aus der Steckdose". Mit einer kleinen Datenstation kann sich jeder Benutzer über Telefon aus jedem Ort der BRD in das Verbundnetz der herstellereigenen RZ einschalten. Das „terminal" kann sich irgendwo in einem Büro neben dem Schreibtisch, in einer Lagerhalle, an einem Verkaufsstand befinden. Unternehmer, Behörden, Institutionen, die über einen eigenen Computer verfügen, können sich damit dem Rechenzentrumsverbund anschließen. Diese Form der Nutzung ist besonders rentabel. Auf diese moderne Art des DV außer Haus wird unter den „neuen Varianten" besonders eingegangen.

38 Anlagenmitbenutzung

Hierbei verfügen Unternehmen über einen nicht voll ausgelasteten Computer, eine Tatsache, die leider häufig genug anzutreffen ist. Nichts liegt näher als die Möglichkeit, stundenweise einem Mitbenutzer zu einem relativ günstigen Entgelt Maschinenzeit zu überlassen, wobei er ohne Fixkostenbelastung bleibt. Die gekaufte Dienstleistung schließt natürlich nur die DVA ein. Der besitzende Partner wird weder seine Organisation zu ändern noch eine Beratung zu übernehmen haben. Dafür könnte ein außerbetrieblicher Berater hinzugezogen werden. Im allgemeinen wird ein Interessent für den eigenen Computer nur dann aufgenommen, wenn es sich um eine nur vorübergehende Angelegenheit handelt. Selbstverständlich hat der „Gast" in Spitzenbelastungszeiten des Anlagen-Eigentümers keine Verarbeitungsmöglichkeit, und bei zunehmendem Geschäftsumfang, Realisierung neuer Anwendungsmöglichkeiten und Vollauslastung der Anlage durch den Besitzer hat er mit dem Ende der Mitbenutzung zu rechnen. Das reibungslose Zusammenarbeiten verlangt gegenseitige ständige Rücksichtnahme und ein langfristiges Abstimmen bei vorzunehmenden Umorganisationen und speziellen Maschineneinsätzen.

Schließlich besteht für den aufgenommenen Partner noch die Gefahr, daß er sich durch Anmietung eines eigenen Computers aus einer vielleicht unerträglichen Belastung der laufenden Zusammenarbeit zu befreien sucht und sich damit in eine wirtschaftlich unvertretbare Situation begibt.

Anders sieht die Sache aus, wenn eine Firma oder eine Gemeinschaft von Firmen eine Anlage betreibt, die voll ausgelastet ist, und eine befreundete Firma die gleiche Anlage besitzt, die noch keine volle Beschäftigung hat. Hier kann man beim Nachbarn zu relativ günstigen Kosten zusätzliche Programme laufen lassen. Das ist aber kein Gesamtersatz, sondern nur eine Ausweichlösung für Spitzenbelastungen unter der Voraussetzung, daß beide Anlagen gegenseitig übereinstimmen, d. h. kompatibel sind.

Nach AWV Schrift Nr. 246, S. 59 ist „die Anlagenmitbenutzung für die Nutzbarmachung der Computertechnik für kleine Unternehmen kein geeigneter Weg. Sie kann aber dem Besitzer einer nicht voll ausgelasteten Anlage nahelegen, sein internes Rechenzentrum aus seinem Betrieb auszugliedern und es zur Basis einer kooperativ genutzten Gemeinschaftsanlage zu machen".

39 Do-it-yourself-Methode und neue Varianten

Bei den Dienstleistungsarten (340) haben wir bereits unter Abschnitt 3 diese Form vorweggenommen. Sie verselbständigt sich aber immer mehr, so daß ihr ein besonderes Kapitel gegeben werden muß, das auch teilweise eine „Überlappung" mit Verbundanlagen (37) mit sich bringt. Nach der sog. *Do-it-yourself-Methode* schreiben die Kunden ihre Programme selbst, bringen ihre Belege oder gelochten Karten und dgl. mit und bedienen auch die Anlagen tage-, stunden- und minutenweise. Dadurch werden nicht nur die gewöhnlich mit der Benutzung eines RZ verbundenen Kosten auf einen Bruchteil verringert, sondern es wird auch ein wesentlicher Beitrag für die Computerschulung geleistet.

Da die Gebühren für die Benutzung eines solchen System, z. B. mit Bandspeicher und Schnelldrucker, mit rund 120 DM für eine Stunde sehr niedrig liegen und die Benutzung regelmäßig wie auch gelegentlich möglich ist, kann mit Recht erwartet werden, daß viele kleine Unternehmen die Einrichtung für Zwecke wie Verkaufsanalyse, Lagerkontrolle, Einkaufsplanung, Provisionsabrechnungen und die allgemeine Buchführung in Anspruch nehmen werden.

Die englische Muttergesellschaft Elliot-Automation und NCR haben einen Plan für kurze Schulungskurse aufgestellt, in denen die Benutzer mit der Programmierung und Bedienung der Computer vertraut gemacht werden. Diese Kurse dauern zwei oder drei Tage und sollen in regelmäßigen Abständen in den RZ gehalten werden.

Ein ähnliches Unternehmen hat die BGE gestartet, indem sie ihren Kunden bzw. Interessenten für die GE 55 einen vierwöchigen, kostenfreien Lehrgang in Computertechnik und Programmierung mit

kostenloser Organisationsberatung und Testzeiten in ihren „Um-
stellungszentren" bietet.

Völlig neue Möglichkeiten werden den RZ durch die *Datenfernverarbeitung* (DFV) erschlossen. Mit Hilfe von normalen Telefon- bzw.
Fernschreibleitungen und entsprechenden Datenfernverarbeitungs-
einrichtungen (= terminals) können Daten vom RZ-Benutzer zu
einem beliebig entfernten RZ übertragen werden. Die Daten können
im RZ entweder zunächst auf Lochkarten (LK), Lochstreifen (LS)
oder Magnetbändern (MB) zwischengespeichert werden, um dann zu
einem späteren Zeitpunkt verarbeitet zu werden, oder aber sie können sofort verarbeitet und die Ergebnisse anschließend wieder zu-
rückgesendet werden, wobei moderne größere Datenverarbeitungs-
systeme (DVS) in der Lage sind, mehrere Benutzer gleichzeitig zu
bedienen.

Dieses Verfahren des *„remote computing* bzw. *remote job entry"*
(Teilhaber- und Teilnehmersystem) rentiert sich insbesondere dann,
wenn sehr große DVS nur durch Einbeziehung auch weit entfernt
liegender Benutzer ausgelastet werden können. „Remote computing"
macht die Benutzung ohne Zeitverlust durch den Postlauf und ohne
lange, kostspielige Reisen möglich. Solche Systeme arbeiten in den
USA bereits heute zufriedenstellend. Dieses Verfahren wird nicht auf
die RZ in den USA beschränkt bleiben. In ähnlicher Linie liegt bereits Deutschlands größtes Lohnarbeitsrechenzentrum in Düsseldorf
mit einer IBM 360/50 und 360/65, das mit anderen IBM-RZ im Ver-
bundsystem zusammenarbeitet, und zwar im on-line-Verfahren. In
einer weiteren Ausbaustufe werden die Kunden zukünftig die Möglichkeit erhalten, mit den Systemen direkt zu korrespondieren. In
dieser Richtung liegt der *RAX* (remote *access execution)-Service* der
IBM-RZ. Der RAX-Benutzer (bis zu 64 gleichzeitig) mit einem Telefon und einer eigenen Datenstation (IBM 1050) zahlt bei einer Min-
destabnahme von monatlich 20 Stunden für eine Stunde Service
(Anschluß- oder Bereitschaftszeit, in der zwei Minuten Rechenzeit
enthalten sind) 48,75 DM. Jede zusätzliche Minute Rechenzeit kostet
18 DM. Er kann werktags acht Stunden lang mit dem Computer
verkehren, und zwar ohne jegliche Störung durch einen anderen
Benutzer.

Als nächster Faktor spielt das sog. *time-sharing* eine bedeutsame Rolle. Bei diesem Teilnehmer-Dialog-System hat der Kunde über Fernsprech- oder Datex-Leitungen Anschluß an einen Computer, den er mit anderen Benutzern teilt. Sie haben keine Wartezeiten, erhalten in längstens vier Minuten Antwort auf ihre eingegebenen Probleme; denn die Geschwindigkeit des Rechners ist so groß, daß der Eindruck entsteht, als sei er nur für ein Unternehmen da. Jeder Benutzer bezahlt nur die effektiv benötigte Zeit, natürlich je nach der gestellten Aufgabe. Vielleicht kann er sogar die Miete für diese Computerzeit durch diesen Auftrag verdienen.

Durch die Zeitaufteilung eines Großrechners auf zahlreiche Benutzer (40, 64 und mehr je nach Art und Modell) wird für viele Firmen die Elektronik in dieser Form nutzbar und rentabel. BGE bietet beispielsweise sein time-sharing als „Jedermann-Rechner" für 1290 DM für zehn Stunden im Monat an. Außer auf höhere Programmiersprachen hört GE 265 auch auf die einfache Programmiersprache „BASC" (mit Redewendungen der normalen Umgangssprache), die in einem Tageskurs bei der Herstellerfirma oder auch von dem Computer selbst zu erlernen ist.

Die RZ werden also in der Zukunft in der Lage sein, statt der heutigen „Datenverarbeitung außer Haus" eine *„Datenverarbeitung frei Haus"* anbieten zu können.

Schließlich darf noch darauf verwiesen werden, daß tatsächlich schon der *Einmannbetrieb* seine Buchführung mit Hilfe seines EDV-Beraters durch ein RZ erstellen lassen kann. Er erhält dann monatlich eine Übersicht über seine Erlöse und Aufwendungen und ein vorläufiges Betriebsergebnis. Darüber hinaus stehen Standardprogramme zur Verfügung, aufgrund deren Betriebe mit nur 20 Beschäftigten ihre Lohnabrechnung, Kostenrechnung und selbst ihr Mahnwesen rationell erledigen lassen können. Viele Kleinbetriebe, vor allem Handwerksbetriebe, übergeben die Führung ihrer Buchhaltung geeigneten Büros, die auf Mandantenbuchführung spezialisiert sind. Der Kunde reicht nur Aufschreibungen einfachster Form ein, alles andere besorgt der Mandantenbuchhalter unter Hinzuziehung eines RZ, ein vielverbreiteter Dienstleistungsbetrieb.

4 Die Alternative

Die Gesamtausführungen sollten zeigen, daß sich jeder Betrieb, unabhängig von seiner Größe, von seiner Betriebsart und seinem Datenvolumen, in irgendeiner Form die Computertechnik im oder außer Haus wirtschaftlich nutzbar machen kann.

40 Eskalationsstufen

Zusammenfassend kann allgemein gesagt werden: Möchten Unternehmer Erfahrungen mit der DV ohne großes Risiko sammeln, so werden sie zumeist erst das RZ in Anspruch nehmen, um dann in Stufen nach Entwicklung und Erfahrung auf eine eigene Anlage überzugehen. Viele Firmen, die heute eine eigene Anlage haben, konnten sich auf diesem Weg überzeugen, daß die DV im eigenen Haus wirtschaftlich eingesetzt werden kann. Das Normale wird dann immer sein, den Kleincomputer für alle täglichen Arbeiten wie Fakturierung und im gewissen Umfang für die Buchhaltung einzusetzen und die periodisch anfallenden Arbeiten mit weiter hinausliegenden Terminen wie Lohn- und Gehaltsabrechnung, Provision, Materialverrechnungen, Statistiken und dgl. dem RZ zu übergeben, weil für solche Arbeiten weder Zeit noch Kapazität im Kleincomputer vorhanden ist. In diesen Fällen ist es also erforderlich, zusammen mit der DV im Hause einen Datenträger zu erstellen, der dann in einem RZ außer Haus weiterverarbeitet werden kann. Datenträger einer Kleinanlage mit magnetischer Speicherung eignen sich im allgemeinen nicht für die Weitergabe an RZ.

Es werden also die Grundbuchaufzeichnungen und die Kontierung der Belege im eigenen Betrieb selbst vorgenommen. Die Dateneingabe als Bindeglied zwischen dem herkömmlichen Arbeitsbereich und dem Computer setzt sinnvollerweise einerseits die Kenntnis der Bedürfnisse des Betriebes und andererseits die Kenntnis der Arbeitsweise des Computers voraus. Ist der Betrieb so groß, daß die Dateneingabe in eigene Regie übernommen werden kann, so ist es ratsam, zur Organisation und zur Einarbeitung des eigenen Personals einen Berater heranzuziehen, der bereits mit der Arbeitsweise des RZ vertraut ist. Die Dateneingabe im eigenen Betrieb vorzunehmen ist besonders dann sinnvoll, wenn Grundbuchaufzeichnungen, Kontierung und Dateneingabe in einem Arbeitsgang erfolgen können. Lohnt sich dagegen die eigene Dateneingabe nicht oder verfügt man selbst über kein qualifiziertes Personal, so kann man diese Aufgabe einem Berater am Ort übertragen, der über ein Eingabegerät verfügt, wobei die Programmfrage und Textierung zu prüfen ist. Weniger ratsam dürfte es dagegen sein, die Dateneingabe durch das RZ selbst vornehmen zu lassen. Bei größerer Entfernung entfällt die Möglichkeit, die vorhergehende Kontierung durch Rückfragen zu kontrollieren. Außerdem kann das RZ von seiner Organisation her kaum auf die besonderen Interessen des Betriebes eingehen.

Man kann gruppieren:

1. Betriebe *ohne jede Möglichkeit zur eigenen Anlage* gehen in ein RZ, zunächst mit einzelnen Abrechnungssektoren,

2. Betriebe *mit einer Kleinanlage* wollen und müssen aus der bisherigen Enge und Starrheit ihrer Betriebsabläufe heraus, um durch flexiblere Lösungen ihre Aufgaben und Ziele zu realisieren,

3. Betriebe mit der *Umstellungsabsicht vom LKV auf EDV* wollen und dürfen nicht in Umstellungsschwierigkeiten kommen und wählen abschnittsweise die Überbrückung und Aushilfe durch das RZ,

4. Betriebe *mit chronischer Überlastung* suchen und finden im RZ Ausgleich und Abhilfe,

5. Betriebe *mit saisonalen Schwankungen* finden im RZ bei ausgenutzter Kleinanlage die notwendige Unterstützung, und

6. Betriebe *mit ungenügendem Personal und ungenügender Organisation und Programmierung* erhalten durch das RZ die erforderlichen Ausarbeitungen und Berechnungen und die einführende Beratung in die DV.

41 Nutzschwelle

Als effektives Ergebnis kann unbedenklich festgestellt werden, daß *das externe RZ eine rationelle Methode* für einen termingemäßen, fehlerfreien und zweckerfüllten Geschäftsablauf ist, wobei sich im besonderen folgende positive Punkte ergeben:

1. *Personalintensive Massenarbeiten* werden kurzfristig erledigt.

2. *Qualitative Informationen* erhält man in der benötigten Zeit, in der sie aktuell sind.

3. Die *Vorteile der DV* werden schon zu einer Zeit ausgenutzt, in der der Betrieb noch nicht an eine eigene Anlage denken kann.

4. Der *geplante* bzw. *erforderliche Übergang* auf eine eigene Anlage kann reibungslos und vernünftig vor sich gehen.

Die *Installation der eigenen Anlage* kann so lange hinausgeschoben werden, bis genügend Datenmaterial anfällt, eine Organisation gründlich aufgebaut ist, vielseitige Aufgaben realisierbar sind und das geeignete, sachverständige und routinierte Personal verfügbar ist, damit die *Nutzschwelle* vom ersten Tage an erreicht oder überschritten wird. Bis dahin ist ohne Zweifel die vordringende Großanlage eines RZ die Voraussetzung für niedrige DV-Kosten. Sie steht — wie ausgeführt — in verschiedenen Formen zur Verfügung und eröffnet in den Möglichkeiten der Datenfernübertragung (DFÜ) und Datenfernverarbeitung (DFV) ganz neue, interessante und kostendegressive Aussichten. Wenn auch die Großanlage ein erheblich günstigeres Preis-Leistungs-Verhältnis hat als der Kleincomputer, so können die organisatorischen Schwierigkeiten, die anfallenden Kosten für Datenübertragung (DÜ) u. ä. so stark anwachsen, daß der Einsatz eines Kleincomputers in irgendeiner Art, Größe und Kapazität gerechtfertigt werden kann.

Auf Grund dieser Überlegungen scheint das Thema „Kleincomputer oder Rechenzentrum?" keine bedingungslose Alternative zu sein. Die Lösung kann fall- und stufenweise gefunden und muß durchaus betriebsindividuell entschieden werden.

5 Anhang

50 Verzeichnis der herstellergebundenen Rechenzentren

AEG-Telefunken, 1000 Berlin 10, Ernst-Reuter-Platz 7
                6000 Frankfurt, Mainzer Landstr. 349
                3000 Hannover, Göttinger Chaussee 76
                7750 Konstanz, Bücklestr. 1

Bull-GE, 1000 Berlin 30, Keithstr. 2—4
        6000 Frankfurt, Telemannstr. 1—3
        3000 Hannover, Podbielskistr. 32
        5000 Köln-Mülheim, Wiener Platz 2

Control Data GmbH, 6000 Frankfurt, Niddastraße 40

Honeywell GmbH, 6000 Frankfurt, Theodor-Heuß-Allee 112 und
                4000 Düsseldorf, Mörsenbroicher Weg 200

IBM 8900 Augsburg, Ulrichsplatz 4
     1000 Berlin 10, Ernst-Reuter-Platz 2
     4800 Bielefeld, Friedrich-Ebert-Str. 14
     5300 Bonn, Maargasse 15
     3300 Braunschweig, Steinweg 19
     2800 Bremen 1, Faulenstr. 2—12
     4600 Dortmund, Südwall 37—39
     4000 Düsseldorf, Berliner Allee 52
     4300 Essen, Huyssenallee 86
     6000 Frankfurt 16, Wilh.-Leuschner-Str. 32
     7800 Freiburg, Grünwälderstr. 10—14
     2000 Hamburg 11, Ost-West-Str. 23

3000 Hannover, Goseriede 12 (Pressehaus)
7500 Karlsruhe 1, Karlstraße 45
3500 Kassel, Kurt-Schumacher-Str. 31
2300 Kiel, Andreas-Gayk-Str. 13
5000 Köln, Gürzenichstr. 27
6800 Mannheim L 15, 15—16
8000 München 2, Arnulfstr. 101
8510 Fürth, Nürnberger Str. 147 (Rechenzentrum Nürnberg)
6600 Saarbrücken 1, Am Neumarkt 15
7000 Stuttgart, Ossietzkystr. 7—9
7910 Neu-Ulm, Brückenstr. 5 (Rechenzentrum Ulm)
5600 Wuppertal-Elberfeld, Wall 39 (Rechenzentrum Wuppertal)

ICL 4000 Düsseldorf, Immermannstr. 7

ITT 1000 Berlin 30, Marburger Str. 10
6000 Frankfurt, Sonnemannstr. 3—5
7000 Stuttgart-Feuerbach, Kurze Str.

NCR 8900 Augsburg, Ulmer Str. 160
1000 Berlin, Thiemannstr. 1—11
6000 Frankfurt, Basler Str. 35—37
2000 Hamburg, Winterhuder Weg 72
8000 München, Seidlstr. 4

RR 6000 Frankfurt, Neue Mainzer Straße 57
7143 Vaihingen, Robert-Leicht-Str. 225

Siemens 1000 Berlin 13, Siemensdamm 50/54
3300 Braunschweig, Ackerstr. 22
8520 Erlangen, Werner-von-Siemens-Str. 50
8000 München 2, Wittelsbacher Platz 2
8000 München 25, Hofmannstraße 51

Zuse 6430 Bad Hersfeld, Große Industriestr. 27

Anker-Werke AG 4800 Bielefeld, Am Stadtholz 67—69

Kienzle Apparate GmbH 6000 Frankfurt, Mousonstr. 12—24

51 Verzeichnis der herstellerunabhängigen Rechenzentren

Abrechnungszentrale Schramberg, 7230 Schramberg, Schillerstr. 21
automatic-buchungs-service, 8000 München 33, Postfach 123
AC-Service, 4000 Düsseldorf 1, Postfach 1228
AC-Service, 6000 Frankfurt, Hochstr. 29
ADV, 5450 Neuwied, Schloßstr. 57
ADV/ORGA Friedr. A. Meyer KG, 2940 Wilhelmshaven,
    Tanno-Düren-Weg 7
ADV-Rechenzentrum GmbH & Co. KG, 2900 Oldenburg, Kastanien-
    allee 9
Akonta GmbH für Datenverarbeitung, 8500 Nürnberg, Günterstr. 17
Allgemeiner Betriebsberatungsdienst, 6000 Frankfurt, Augustusstr. 8
Allianz-Versicherungs-AG, 8000 München 22, Postfach 220
ATOR AG, 7000 Stuttgart O, Kernerplatz 3
Autinform, 6200 Wiesbaden, Uhlandstr. 3
Aviner, Weisener & Galler, 2000 Hamburg 50, Postfach 103

Manfred Bäse, Rechentechnik und Programmierung, 1000 Berlin 30,
    Lietzenburger Str. 51
Baudata, 6000 Frankfurt, Hanauer Landstr. 220
Bayerische Landesbuchstelle, 8000 München 15, Kaiser-Ludwig-
    Platz 5
Datenservice Beck, 7107 Neckarsulm, Friedrich-Ebert-Str. 9
Heinz Becker, 6700 Ludwigshafen-Oppau, Joh.-Frech-Str. 34
Bergwerksgesellschaft Walsum AG, 4103 Walsum
Berghan Datenerfassungs-GmbH, 4000 Düsseldorf, Helmholtzstr. 22
C. Bertelsmann Industrie-Service Gütersloh, 4830 Gütersloh,
    Friedrichsdorfer Straße 75
Betriebsgesellschaft für Datenverarbeitung, 5860 Iserlohn
Georg Blanchard, 8960 Kempten, St.-Mang-Platz 3
Dipl.-Ing. Hans Hermann Böhm, 7500 Karlsruhe, Eisenlohrstr. 24
B-O-G, 2800 Bremen, Breitenweg 25
B-O-G, 6000 Frankfurt, Kurhessenstr. 95
B-O-G, 3500 Kassel, Kurfürstenstr. 1

Günther Bogusch, 3000 Hannover, Celler Str. 113

K. H. Both GmbH KG., 4000 Düsseldorf, Lindenmannstr. 5

Brüderle & Co., 3171 Gamsen, Am Spielplatz 2

Anton Burger, 7900 Langenargen, Grubenstr. 9

Buchungsgemeinschaft für Sparkassen, 3052 Bad Nenndorf

Buchungsgemeinschaft für Sparkassen, 7520 Bruchsal

Buchungsgemeinschaft für Sparkassen, 7600 Offenburg

Coloniales Zentralkontor, 8000 München 8, Abholfach

Data-Matic, 2081 Prisdorf, Bökenweg 9

Data-Service, 2000 Hamburg 13, Postfach 1907

Datenverarbeitungsbetrieb und Organisationsberatung, 5050 Porz,
    Hauptstraße 431

Datex, 4600 Dortmund, Arneckestr. 25

Dato GmbH, 2800 Bremen 1, Postfach 472

Deuro Data GmbH & Co. KG, 6600 Saarbrücken, Stengelstr. 8

Deutsche Handelsvereinigung SPAR e. V., 3400 Göttingen, Postf. 405

Deutsche Revisions- und Treuhand AG, 6000 Frankfurt,
    Bockenheimer Anlage 15

Deutsche Ultimaco, 6000 Frankfurt, Hanauer Landstraße 423

DRZ Deutsches Rechenzentrum, 6100 Darmstadt

Düsseldorfer Rechenzentrum für Wohnungsunternehmen GmbH,
    4000 Düsseldorf, Goltsteinstr. 29

Duisburger Recheninstitut, 4100 Duisburg, Düsseldorfer Str. 181

DVA Datenverarbeitung, 4000 Düsseldorf-Nord,Spichernstr. 56

DVS Datenverarbeitung in Stuttgart, 7000 Stuttgart-Botnang,
    Beethovenstraße 2

Eckstein & Co., 7000 Stuttgart-S., Olgastr. 120 A

EDB Saalfeld KG, 1000 Berlin 30, Ansbacher Str. 5

EDV Electronic-Daten-Verarbeitung GmbH & Co KG,
    4000 Düsseldorf, Berliner Allee 32

EDV Elektronische Datenverarbeitungsgesellschaft mbH,
    5600 Wuppertal-Barmen, Erichstr. 4

EDV Rechenzentrum GmbH, 1000 Berlin 30, Europa Center, 15. Stock

EDV-Service, 4000 Düsseldorf, Stresemannallee 32

EDV-Service GmbH, 8000 München 8, Ismaninger Str. 46

J. Eichler, 6000 Frankfurt, Feuerbachstr. 19

Eldag, 7858 Weil, Postfach 1529

Electronic Computer Center, 4300 Essen, Gewerbehofstr. 7

Elektronisches Datenverarbeitungsbüro Erwin Saalfeld KG,
      2000 Hamburg, Moorweidenstr. 9

Elektronisches Rechenbüro W. Kahl, 7800 Freiburg, Aumattenweg 1

Elektronisches Rechenbüro Saar, 6600 Saarbrücken

Elektronisches Recheninstitut für das Bauwesen, 3300 Braunschweig,
      Sofienstraße 40

Elektronisches Rechenzentrum, 8580 Bayreuth, Kreuz 25

Elektronisches Rechenzentrum, 4800 Bielefeld, Detmolder Str. 108

Elektronisches Rechenzentrum, 4900 Herford, Wilhelmsplatz 12

ex data GmbH, 8500 Nürnberg, Breslauer Str. 304

Dipl.-Ing. H. Felder KG, 4000 Düsseldorf-Nord, Duisburger Str. 113

Fiducia AG, 7500 Karlsruhe, Rheinstr. 117

G. Fingerhut, 2000 Hamburg 1, Frankenstr. 35

GAD = Göppinger Arbeitsgemeinschaft für elektronische
      Datenverarbeitung, 7320 Göppingen

GEFA, 5810 Witten, Ruhrstr. 70

Gesellschaft für automatische Abrechnung GfA, 4000 Düsseldorf,
      Kapellstraße 14

Gesellschaft für automatische Datenverarbeitung, 4400 Münster,
      Postfach 446

Gesellschaft für Datenverarbeitung mbH, 4000 Düsseldorf,
      Kölner Landstraße 259

Gier-Elektronik GmbH, 3000 Hannover, Schillerstr. 33

M. Gluschke, 7000 Stuttgart, Fasanenhof, Europaplatz 6

GRZ Göttinger Rechenzentrum, 3400 Göttingen, Postfach 405

Dipl.-Ing. Max Hartl, 4000 Düsseldorf, Berliner Str. 26

Hebik, 4900 Herford, Postfach 58

Heidenheimer Rechenzentrum, 792 Heidenheim, Grabenstr. 9

Dr. Georg Heubeck, 5000 Köln-Marienburg, Legboldstr. 15
Organisationsbüro Hubbuch GmbH, 7000 Stuttgart, Reinburgstr. 20

IBAT, 4300 Essen, Alfredstr. 64
IfA-Rechenzentrum, 7000 Stuttgart 1, Postfach 508
Interchoc, 4150 Krefeld, Ürdinger Str. 360/364
Interdatic, 4000 Düsseldorf, Hüttenstr. 72
ITT-Datenservice, 7000 Stuttgart-Feuerbach, Kurze Str. 8

Günther Jägersberg, 2400 Lübeck, Braunstr. 2—4
Günther Jägersberg, 2000 Hamburg 1, Spaldinstr. 140

Rechenzentrum Koch, 6900 Heidelberg, Berliner Str. 14
Hans R. Krugmann, 8500 Nürnberg, Güntherstr. 17
Kupferhütte, 4100 Duisburg, Rheinhauser Str. 89

Landwirtschaftliche Buchstelle, 5160 Düren, Holzstr. 13
LBS-Sindern KG, 5320 Bad Godesberg, Moltkestr. 40
Liefold Datenverarbeitung, 4500 Osnabrück, Große Straße 11
Lippische Hauptgenossenschaft, 4910 Lage, Postfach 165
LKB-Lochkartenbuchhaltungs GmbH, 6780 Pirmasens,
    Dankelsbachstr. 41
LOB, 8000 München 15, Pettenkoferstr. 8
Lochkarten-Verarbeitungs-GmbH, 4050 Mönchengladbach,
    Waldnieler Straße 2
Lochstreifenorganisation, 4300 Essen, Bertoldstr. 14

Dipl.-Kfm. Werner Mangold, 5600 Wuppertal-Elberfeld,
    Dorpmüllerstr. 36
Mathematischer Beratungs- und Programmierdienst GmbH,
    4600 Dortmund, Kleppingstr. 26
Bruno Müller, 5901 Eiserfeld-Eisern, Talstr. 70

Neue Landbuch GmbH, 5300 Bonn, Maargasse 2
Nordbayerisches Rechenzentrum, 8500 Nürnberg, Blumenstr. 1
Nordwest-Rechenzentrum, 3000 Hannover

Orgatron, 4000 Düsseldorf, Fuellenbachstr. 2—4

Planungs-Büro Dienstleistungen GmbH, 5600 Wuppertal-Elberfeld,
    Gartenstr. 38

Raiffeisenbank Jever, 2942 Jever, Postfach 146
Raiffeisenbank-Datenverarbeitung Weser-Ems GmbH,
    2900 Oldenburg, Nadörster Straße 171
Raiffeisen GmbH, 7000 Stuttgart-W, Breitscheidstr. 35
Raiffeisen Rechenzentrum, 6000 Frankfurt, Postfach 7789
Rational, 8000 München 42, Landsberger Straße 318
Rationalisierungs-Institut, 3353 Bad Gandersheim, Postfach 106
ratior KG, 2000 Hamburg 36, Esplanade 6
Rechen-Centrum Erding, 8058 Erding, Joh.-Seb.-Bach-Str. 38
Rechenzentrale Bayerischer Genossenschaften, 8000 München,
    Triftstraße 6
Rechenzentrale Bayerischer Genossenscchaften, 8262 Altötting,
    Burghauserstr. 15
Rechenzentrale Bayerischer Genossenschaften, 8070 Ingolstadt,
    Stollstraße 1
Rechenzentrale Bayerischer Genossenschaften, 8960 Kempten,
    Am Freudenberg 7—9
Rechenzentrum Bremen GmbH, 2800 Bremen, Langenstr. 7—8
Rechenzentrum Dülmen, 4408 Dülmen, Friedrich-Reiter-Str. 52
Rechenzentrum elektronische Datenverarbeitung, 3300 Braunschweig,
    Jasperallee 53
Rechenzentrum für die gewerbliche Wirtschaft, 3000 Hannover,
    Flüggestraße 4
Rechenzentrum Hildesheim, Schuhstr. 34
Rechenzentrum Niederrhein, 417 Geldern, Nordwall 19
Rechenzentrum Rhein-Ruhr, 4600 Dortmund
Rechenzentrumsgesellschaft, 4130 Moers, Alfredstr. 14
Rechenzentrum Süd, 8500 Nürnberg, Keßlerplatz 1
Rechenzentrum Südwest, 7000 Stuttgart, Gutenbergstr. 45a
Carl Reese, 2300 Kiel, Renzburger Landstr. 196
Rheinisches Rechenzentrum, 5050 Porz-Urbach, Hauptstr. 431

RIB Recheninstitut für das Bauwesen, 7000 Stuttgart 1, Postfach 2801
Eugen Roller, 7000 Stuttgart, Hintere Straße 6
Roschmann & Klein, 7032 Sindelfingen, Zimmerstr. 24
Helga Rose, 2000 Hamburg-Bergedorf, Sachsenstr. 69
Integrierte Datenverarbeitung Rüping KG, 4000 Düsseldorf,
    Friedrich-Ebert-Platz 30
N. Rüpke, 2000 Hamburg-Wandsbek, Schloßgarten 3
RWV Rechenzentrale für Wirtschaft und Verwaltung,
    4300 Essen-Stoppenberg, Ernestinenstr. 60
RZG Datenverarbeitungsgesellschaft, 4050 Mönchengladbach,
    Sophienstr. 38

Dipl.-Kfm. Tony Scheid, 5000 Köln-Mühlheim, Wiener Platz 2
Schildbach & Sturm, 7012 Fellbach, Bahnstr. 49
Schleswig-Holsteinische Landwirtschafts-GmbH, 2300 Kiel,
    Sophienblatt 32—34
G. P. Schölzle, 6000 Frankfurt, Zeil 111
Gemeinnützige Siedlungs-AG (SAGA), 2000 Hamburg-Altona,
    Allee 72
Soll und Haben Organisation, 4300 Essen, Schillerstr. 51
K. Steckel KG, 1000 Berlin 31, Europa-Center, Kurfürstendamm 151
Werner Stockmann, 6095 Gustavsburg, Beethovenstr. 22
Kurt Stuttenmeister, 2300 Kiel, Lornsenstr. 48
Süddeutsche Buchungs- und Datenverarbeitungs-Ges.,
    7000 Stuttgart-Obertürkheim, Postfach 5

Gisela Teubert, 2000 Hamburg 1, Besenbinderhof 37
Treubach GmbH, 5600 Dortmund-Brackel, Postfach 3721
Treuga, 2000 Hamburg 26, Normannenweg 12
Treuga, 6200 Wiesbaden, Webergasse 12
Treuhandgesellschaft für die Süddeutsche Wohnungswirtschaft,
    6000 Frankfurt, Georgestr. 52

Völk-Rechenzentrum, 2000 Hamburg, Magdalenenstr. 1
Volksbank Reutlingen, 7410 Reutlingen, Postfach 83

W.A.C., 4600 Dortmund, Thomasstr. 18—26
Marg. Wagner, 6070 Langen, Uhlandstr. 32
Wolf Weber, 8000 München 25, Lipowskystr. 17—19

Wirtschaftliches Rechnungswesen GmbH, 4300 Essen,
    Limbecker Straße 48—50
Wirtschaftsberatungs AG, 4000 Düsseldorf, Postfach 8640

ZBL, 584 Schwerte, Römerstr. 2

Verbandsbüro:
VDRZ, 6100 Darmstadt-Arheilgen, Im Erlich 17

Abgeschlossen beim Stand zum 31. 3. 1968.

Stichwortverzeichnis